U0159195

思想者
003
三桅帆

人类历史中的气候变化

从史前到现代

[美]伊丽莎白·戈登　本杰明·利博曼　著

程跃　译

重庆出版集团 重庆出版社

Climate Change in Human History by Benjamin Lieberman and Elizabe
Gordon was first published by Bloomsbury Publishing Plc, London, UK, 201￡
Copyright © Benjamin Lieberman and Elizabeth Gordon 2018. Simplifie
Chinese rights arranged through CA-LINK International LLC.

版贸核渝字（2019）第 127 号

图书在版编目（CIP）数据

人类历史中的气候变化：从史前到现代/（美）伊
丽莎白·戈登，（美）本杰明·利博曼著；程跃译 . —
重庆：重庆出版社，2021.8（2024.10 重印）
ISBN 978-7-229-15609-1

Ⅰ . ①人… Ⅱ . ①伊… ②本… ③程… Ⅲ . ①气候变
化－历史－世界 Ⅳ . ① P467

中国版本图书馆 CIP 数据核字（2021）第 040990 号

人类历史中的气候变化：从史前到现代
RENLEI LISHI ZHONG DE QIHOU BIANHUA:
CONG SHIQIAN DAO XIANDAI

[美] 伊丽莎白·戈登　本杰明·利博曼　著　程　跃　译

丛书策划：刘　嘉　李　子
责任编辑：李　子　钟丽娟
责任校对：刘小燕
封面设计：荆棘设计
版式设计：侯　建

重庆出版集团
重庆出版社　出版

重庆市南岸区南滨路 162 号 1 幢　邮政编码：400061　http://www.cqph.com

重庆市国丰印务有限责任公司印刷
重庆出版集团图书发行有限公司发行
邮购电话：023—61520646
全国新华书店经销

开本：890 mm×1240 mm　1/32　印张：11　字数：260 千
2022 年 4 月第 1 版　2024 年 10 月第 4 次印刷
ISBN 978-7-229-15609-1
定价：75.00 元

如有印装质量问题，请向本集团图书发行有限公司调换：023—61520678

目 录 CONTENTS

引言 ⋯⋯001

❶ ⋯⋯001
脆弱的开始

❷ ⋯⋯037
农业的兴起

❸ ⋯⋯073
文明的兴衰

❹ ⋯⋯117
中世纪时期的气候与文明

❺ ⋯⋯169
小冰河期

❻ ⋯⋯227
人类接管

❼ ⋯⋯267
未来已来

❽ ⋯⋯305
气候变化的争论

致谢 ⋯⋯332

引言

大约 1 万年前，地球上气候温暖，水源充足。在这种自然条件下，农民开始开垦新田，种植谷物。源源不断的粮食盈余为人口增长提供了保障。新兴城镇催生了各行各业对工匠和技师的需求，人类社会也变得日益复杂。蓬勃发展的经济使得政治和宗教领袖有足够的财力来建造精美的宫殿和纪念碑，如巴比伦庙塔、埃及金字塔、狮身人面像等。在上一个冰川期（俗称"冰河时代"）结束之后的漫长暖期中，世界上许多地区都孕育出了类似的复杂社会和文明。它们基本上都遵循着相同的演化模式。

与此不同，还有另外一种气候演化趋势。盛行风的转移带走了原先固定的降雨，曾经肥沃的地区逐渐干涸。随着土壤盐度的上升，食物供应量锐减，大城市赖以生存的基础消失。人们被迫离开原先居住的地方。而随着人口的流失，城市综合体以及与之相关的文化和社会也无以为继。长期严重干旱所带来的恶果，最终引发了人类文明的崩溃或倒退。不管是现在还是未来，气候变化引起的特大干旱始终是人类社会要面临的严峻挑战。

另外一些复杂社会也同样面临着气候变化的威胁。狂风暴雨导致洪水频发，发生饥荒的风险越来越大。高海拔地区的农作物产量也受到寒冷冬季的影响。那些处于极端边缘地带的居民有的放弃了自己的村庄，有的则转而寻求更高效的热源。当权者也设法提高赈灾能力。局部气候变化虽然造成了方方面面的损失，但有些社会也找到了应对这种变化的方法。

以上3种情形向我们展示了气候变化和人类历史之间的相互作用。在第一种情形中，与农业发展相适宜的气候条件促进了文明的兴盛，从农业中获取的大量盈余保障了文明的繁荣。在第二种情形中，降水量的急剧变化迫使人们背井离乡，放弃自己的家园。第三种情形则显示了气候变化可能带来的挑战以及人们在应对气候变化时所表现出的复原力和适应力。从人类文明诞生至今，气候对人类历史的影响在方方面面都有所体现。本书所论述的正是气候和人类社会之间存在的这种重要且复杂多变的相互作用。

·· 科学与历史的研究方法 ··

通常，历史学家所关注的主要是重要的历史现象而非气候问题。传统的自上而下的历史研究方法描述的都是大人物的成败，他们或许是领袖、精英，或许是先知、皇帝、君王、军事指挥官、总统，抑或是那些领导反抗力量的杰出人物。有时，为了修正这种对大人物大书特书的传统，历史学家也会采用多种不同的方法，尝试从其他角度重塑历史。因此，史学研究的重心逐渐转移到了社会史、经济史和性别史上。另一些历史学家则完全舍弃了这种自上而下的研究方法，转而将目光投向底层，从那些受压迫或边缘群体的视角出发来看待历史。尽管如此，除了极少数特例之外，历史学家很少对气候的重要性予以足够的关注。相反，他们往往只是轻描淡写地提及，气候条件为其他历史事件和发展趋势提供了一个总体框架或基础。直到最近几十年，随着人们对气候研究兴趣的激增，历史学家才逐渐把气候条件作为影响历史进程的一个重要影响因素来看待。

几乎可以断言，没有哪一起历史事件是由单一因素造成的。许多重大历史事件都可以证明这一点，如法国大革命的爆发、希特勒的崛起、苏联的解体等。除了最极端的自然灾害或战争灾难之外，几乎所有重大事件或趋势都是多种因素共同作用的结果。本书想要展示给读者的重要一点是：虽然气候变化从根本上影响着人类历史的各个方面，但同时也不能忽视气候与影响历史的其他因素间的相互作用。因此，我们在密切关注气候因素的同时，也必须承认，正是气候变化与其他因素的相互作用才最终使人类历史走向了特定的结果。

无论是历史研究还是气候科学都处于不断的演进之中。这一点在后者身上似乎表现得更为明显；然而，许多人类社会的关于气候的文字记载仅有寥寥数笔，有些甚至根本没有。尽管考古学可以提供些许相关信息，但很多时候对气候和人类历史之间关系的研究还是难以得出定论。有关北大西洋格陵兰岛上，维京人定居点消亡的研究就是一个典型例子。鉴于此，本书想要呈现给读者的不是一个个简单的结论，而是要清楚地展示出在何种情况下对气候和人类历史的研究会得出多种解释或推论。在多种解释并存的情况下（正如前文提到的维京人定居点的例子），正在进行的研究可能会加强或削弱某种解释的合理性，或是促进气候条件和人类历史之间相互作用的新模型的产生。

气候科学和历史研究在许多方面既会相互印证，也会存在分歧，二者的结合可以开拓出新的研究领域。各种强大因素之间的复杂作用，使得多种解释都具有合理性，然而，以往的历史研究和气候科学却给出了很多定论。从历史的角度来看，我们对人类迁徙时间的掌握越来越确切，知道人类文明和社会何时诞生，何时衰落。在某些情况下，还可以较为精确地估算出当时的人口数量，确定他们的燃料来源和使用方式以及他们所应用的新技术，甚至还可以详细地绘制出许多文明的政治年表。

在人类历史上，关于气候变化影响的记录，时而丰富，时而匮乏，主要取决于不同的年代和地域。有些社会留下了丰富的文字记录和遗迹，研究者们便比较容易从中发掘出直接证据，而对于另外一些没有留下文字记载或缺乏复杂政权的社会，想要掌握更多的证据就比较困难。

从气候科学的角度出发，我们整合了天文学、地质学和气候学等几个领域的知识，以了解过去300万年间冰原生长和消融的情况，并已经成功地对过去大约150万年间的空气样本进行了测量。从各种地质记录中获取的常规代用指标，帮助我们掌握了地球上过去不同时期的气候条件和当下显现出的新趋势，这将有助于解决许多悬而未决的问题。我们看到全新世即最近的1.17万年，是一个相对而言气候总体稳定的时期，但我们也认识到气候系统短期的不稳定同样会对人类文明产生影响。关于人类活动对当前气候的影响，科学界已经达成了压倒性的共识——从人类祖先第一次在地球上留下足迹以来，气候变暖的趋势便从未改变。

·· 气候变化的时间尺度 ··

　　我们以不同的时间尺度来考察气候和人类之间的相互作用，既关注那些全球范围内对人类进化和早期变革产生影响的长期变化，也关注对局部地区产生小范围影响和后果的短期震荡。在讨论气候变化时，很重要的一点是必须要分清"外部因素"和"内部过程"这两个概念。外部因素又被称为"气候作用力"，可导致气候变暖或变冷；内部过程，是指对原始变化的放大或抵消，又被称为"反馈"。"作用力"和"反馈"二者相互作用，从而引发气候的变化。其他过程在全球范围内重新分配能源，但对全球气温缺乏持久的影响——它们所反映的是气候变异，而不是气候变化。气候变异和总体变化都会对人类历史产生影响。

　　导致气候变化的因素众多，其中就包括地球能源预算的变化，即从太阳获得的能量与从地球返回太空的能量之比。如果能量的输入和输出处于平衡状态，那么整体气温将保持不变。一旦地球接收到的太阳光量或反射回太空的太阳光量发生变化，全球气温便会随之受到影响。和太阳光一样，大气层也是地球的热源之一。大气层释放热能的总量取决于温室效应的强度。大气层中的气体如二氧化碳、水蒸气、甲烷和一氧化二氮等，不会对穿过大气层的阳光形成阻碍，却可以高效地吸收来自地球表面的热量。这就是它们被称为温室气体的原因——对可见光的传播不会形成阻碍，但却能有效地吸收热能。热能的吸收促使大气整体温度升高，而变暖后的大气层又向四面八方散发热量。这些热量除小部分反射回太空外，大部分则朝向地球辐射。与前工业化时期相比，地球大气层的温度已经升高了 30℃ 左右。二氧化碳是空气中除了水蒸气之外，含量最高的温室气体。其他温室气体如甲烷和一氧化二氮等，虽然含量较低，但吸收热量的效率却极高。气体浓度和吸热能力是科学家在量化气体对地球气候影响时要同时考虑到的两个重要因素。

在地质时间尺度上，同样有多个因素会对气候变化产生影响。例如，地球表面化学风化作用的缓慢过程会从大气中吸收二氧化碳，在长达数百万年的时间里影响着地球温室效应的强度。据推测，大约从 5000 万年前开始，与喜马拉雅山脉造山运动相伴的风化作用增强，致使那一时期的整体气温呈现下降趋势。地球构造板块的移动同样以其独特的方式影响着气候，例如，大陆位置的变化迫使洋流改道等。这种影响虽然十分神奇，但本书对此仅作简单提及，因为尽管板块运动在气候变化中扮演着重要角色，但它的作用速度过于缓慢，时间过于漫长，对人类历史的影响可以说是微乎其微。

从更短的时间尺度上来看，在人类祖先生存的数百万年里，气候变化影响了食物的供应，由此推动了人类进化。在数万年至数十万年的时间尺度上，气候变化主要受地球轨道变化的驱动，与冰川期、间冰期之间的循环相关。塞尔维亚天体物理学家米卢廷·米兰科维奇曾在20世纪20年代提出，这种气候变化与日地轨道关系的变化有关。虽然这些被命名为"米兰科维奇循环"的周期，主要与过去几百万年间大冰原的生长和消退有关，但它们也通过对季风强度的影响改变着全新世的人类历史。

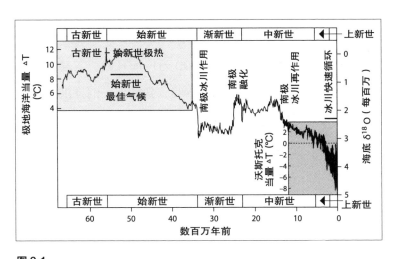

图 0.1

过去 6500 万年间的气候变化

资料来源：罗伯特·罗德为全球变暖艺术项目提供

在全新世，气候变化主要来源于火山活动、太阳活动变异以及温室气体浓度变化所带来的影响。全新世时期的太阳变异主要与太阳黑子活动有关，目前太阳黑子活动的周期为11年。当太阳黑子触发气候系统的内部反馈时，与其相关的太阳输出的微小变化就会对气候产生复杂的影响。与此类似，大型火山爆发引发的短期降温，如果被地球的内部过程所放大，就可能会产生更加持久的影响。如果放在一千年或更短的时间尺度上来看，气候系统内部变化的作用会显得更加突出。例如，深海环流的变化与过去气候的迅速改变有关，1.2万年前新仙女木期，地球气温骤降就是一例。地球气候系统的其他扰动，如厄尔尼诺－南方涛动和北大西洋涛动，会在不同的时间尺度上（一季、一年甚至数十年）影响着全球的气候和天气变化。

·· 崩溃与复原力 ··

气候和人类历史之间的相互作用可以引发许多方向上的变化。从最基础的一点来看，适宜的气候是人类生存所必不可少的条件。一个简单的思维实验就可以清楚地表明这一点：人们很难想象，在数亿年前遥远的地质年代，在极度寒冷和炎热的环境下会出现繁荣昌盛的人类社会。从更短的时间尺度上来看，在人类祖先存在的数百万年里，气候变化影响了食物的供应，并帮助推动了进化的法则。再进一步看，新石器时代以来，气候一方面可能为人类提供了丰富的食物来源，有助于人类社会的繁荣，另一方面，也有可能会对复杂社会起到削弱和破坏的作用。几个世纪以来，对人类社会崩溃的研究一直吸引着历史学家，尤其是诸如罗马帝国的灭亡这样的案例。随着气候历史的发展，研究者们已经把气候变化看作是社会崩溃的一个主要因素来进行研究。

然而，崩溃理论也遭到了许多批评。反对者经常强调的一点是，蕴藏在崩溃这一事实背后的，实际上是更持久、更缓慢、更复杂的过渡时期。他们同样引用罗马历史来论证自己的观点。持过渡论的历史学家认为，罗马文化并没有因为突如其来的入侵而急剧崩溃，它们在某些地区长久地延续了下去，罗马社会的许多元素也经受住了政治变革的考验。

在气候史上，这种崩溃与过渡间的争论并不鲜见。因此，另外一种不同的研究视角，不再聚焦人类社会崩溃的原因，而是转而关注人类社会的复原力和适应力。值得深思的是，对社会崩溃现象的过度强调，可能会诱导人们将一切主要趋势或事件都视为引发崩溃的原因。而复原力研究也面临着同样的风险。人类社会度过了一次又一次的危机，但它们的复原力并不是无限的。因此，本书将这两个方面的问题都考虑在内，将人类社会的危机乃至崩溃以及人类的复原力和适应力同时呈现于读者面前。

·· 本书结构 ··

第 1 章重点关注数万年甚至更长时间尺度上的气候变异以及短周期气候变化的自然原因，描述了史前时期气候变化对智人的影响。这一时期，二氧化碳减少带来长时间的持续降温，气候变化主要受米兰科维奇循环的影响。由地球绕日轨道的变化而引起的变暖或变冷模式，决定着大陆冰盖的膨胀或退缩。末次冰盛期时，大量的海水形成陆冰，使得海平面降低，陆地裸露。这段时期的气候变化影响了人类的生存方式和居住地点。干湿周期的交替制约着人类祖先的分布。气候变化，特别是冰川极盛期的变化，也同样给人类带来了挑战。本章讨论了人类祖先和早期人类的出现和分布，如与人类关系密切的尼安德特人的命运以及智人的分布。

第 2 章讨论了冰川消融期期间的气候变化，人类分布的进一步扩大以及农业的出现。随着气温开始升高，地球从冰川极盛期中逐渐恢复。在大约 1.2 万年前，地球气候条件突然回归到近冰期水平，这一短暂的时期被称为新仙女木期。气候系统反馈（至今仍在发挥作用），加强了促使地球再度回归寒冷的条件。在 1 万年前，全球气候进入了相对稳定的

人类历史中的气候变化：从史前到现代

时期。

在末次冰盛期结束后，气候变暖趋势为人类的狩猎采集活动提供了更多的机会。随着新仙女木期的结束，气候变暖趋势又一次为农业扩张和农业社会兴起创造了有利的条件。这为以后人口的长期扩张和复杂社会的形成提供了一种基本模式。

第 3 章关注气候变化与复杂社会或文明之间的相互作用。在一千年到数百年的时间尺度上，主导地球气候变化的是区域性而非全球性的气候振荡。本章将对干旱进行讨论，重点关注干旱的气候特征和引起大面积干旱的气候条件。这一时期的气候对人类总体有利，但本章仍将指出气候波动给人类社会带来的压力，甚至是破坏。例如，大约在 4000 年前，严重的干旱加速了印度河流域文明的消亡。本章还将涉及青铜时代晚期气候变化所带来的挑战，同时也将概述气候条件与罗马社会和中国汉代之间的相互作用。

第 4 章介绍了 500—1300 年间的区域气候变化以及这一时期气候波动的影响。本章将对 500—1300 年间的相对温暖时期，即中世纪气候异常期进行描述。关于在这一时期的情况多见于北大西洋地区的各种气候和历史记录中。此时，许多欧洲社会正处于扩张阶段。本章还将概述当时的区域气候波动，特别是发生在亚洲和美洲的干旱、气候变迁与中国、东南亚以及北美、中美洲（包括玛雅人）社会之间的相互作用。

第 5 章主要关注被称为小冰期的气候波动。关于小冰期的成因至今科学界仍无定论。太阳黑子不足而引起的太阳活动减少可能是导致这一时期地球变冷的原因之一。而与之同时发生的一系列火山爆发也有可能是另一个潜在的因素。此外，深海环流变化也可能发挥了作用。小冰期时的降温给处于边缘地区的农耕社会带来威胁最大。尽管如此，包括荷兰在内的许多其他地区，当地人类社会却成功适应了降温的影响。

第 6 章总结了使人类成为气候变化主要因素的关键历史性变化。随着工业革命的发生，英国在 18 世纪末和 19 世纪初创造了一条新的生产道路，打破了之前所有对增长的限制。化石燃料的使用成为关键，利用资源进行发电的能力得到了前所未有的提升，极大地加速了变化的步伐和向城市生活转变的节奏。经过数个全球化发展阶段，工业化进一步扩展，在 19 世纪—20 世纪期间，工业化模式已移植到全球越来越广泛的地区。以化石燃料为动力的工业化的发展，反过来又显著地改变了地球大气的成分。本章还将概述对温室效应和全球变暖的早期科学研究。早在 19 世纪，约翰·廷德尔和斯万特·阿伦纽斯等科学家就描述了大气中温室气体的增温效应。

第 7 章讨论了到目前为止与人类社会相关的气候变化。

现代气候变化记录表明，各种各样的气候变化都已经引起了人们的关注，如全球和区域温度走势、降水变化、海平面上升和冰退现象等。气候变化对人类社会产生了广泛影响，如海平面上升会给沿海地区带来最直接的威胁，而降水变化则会对农业和供水产生影响等。本章还将概述人类社会为适应气候变化所做的努力以及由气候变化造成的社会政治冲突。

最后一章涉及关于气候变化的争论。这一章将讨论面对日益加剧的气候变化，人类采取行动时的障碍及可能选用的对策。同时，还将向读者介绍不同的气候模型，以及将来会出现这些模型的情形和各种模型的结果。本章还将关注减少人类对气候变暖影响的策略。除了国际社会在减少温室气体排放方面做出的努力之外，本章还将概述可选择的新能源以及围绕地球工程的争议。

本书借鉴了历史研究和日益增加的气候研究的成果，介绍了数千年间，存在于不同情境中的气候变化与人类历史之间的关系。目前正在进行的研究，还将继续提高人们对不同地区的气候变化与历史间相互作用的认识。气候变化史和人类历史之间的关系必将成为一个全球化的课题。

1

脆弱的开始

· 全球降温
· 森林栖息地
· 林地
· 东非大裂谷
· 热带稀树草原与狩猎采集者
· 狩猎采集者及其分布
· 气候变化与智人
· 尼安德特人与智人
· 末次冰盛期与智人
· 小结

早在对现代人类历史产生影响之前的几十万年甚至几百万年的时间里，气候变化就已经在人类物种的进化过程中发挥了自己的作用。人类进化的过程，乃至整个史前史和人类历史都是多种因素共同作用的结果。正如政治、经济、文化以及宗教这些单个因素本身不能对历史起到决定性作用一样，气候变化本身也不会导致特定历史结果的出现。尽管如此，气候变化仍是人类进化的关键驱动力。

在人类进化的过程中，气候变化呈现出多种形式。人类祖先的进化过程始于一段普遍降温时期。在非洲，大裂谷的形成使得东非地区的干旱愈演愈烈，而那里正是大多数古人类物种的发源地。从 258 万年前的第四纪开始，冰期循环（即所谓的冰河时代）对物种的栖息地产生了巨大影响。在冰期循环的作用下，人类祖先的栖身之所发生着周期性的改变或转移。所有的气候趋势都会对人类祖先的进化过程产生影响，而冰期循环则是决定人类祖先分布乃至人类最终分布的关键因素。

·· 全球降温 ··

在地球一直处于普遍降温趋势的数百万年中，大猩猩、黑猩猩及人类先后从它们共同的祖先中分化出来，开始了彼此独立的进化过程。植被化石显示，数千万年前，地球上的气候相对较暖；而埋藏在海洋沉积物中的浮游生物遗骸则表明，在过去至少 5000 万年的时间里，地球一直处于降温状态。当今冰雪覆盖面积最大的大陆南极洲，在大约 3500 万年前还看不到冰雪的景象，而北半球大冰原则要等到约 300 万年前才开始形成。在这一长期的降温过程中，气温偶尔也会出现短期变异，但气候总体变冷的趋势却始终没有改变。

关于南极洲冰原及后来北半球冰原增长的原因，目前有几种解释。从长达数百万年的时间尺度上来看，大陆漂移对气候变化的影响很大，在过去的 3500 万年里南极洲逐渐变成了一块与世隔绝的大陆，正可以说明这一点。大约 3500

万年前，澳大利亚大陆与南极大陆分离。距今 2500 万至 2000 万年前，南美洲和南极洲之间形成了德雷克海峡。随着大陆位置的重新排列，深环极洋流（一种环绕南极洲并将其与热带气流的变暖效应隔离开来的洋流）逐渐形成并不断加强。一些气候模型表明，德雷克海峡的形成致使南部高纬度地区的气温下降，从而引发冰原在极地大陆上蔓延。

南极洲冰川作用形成的另一种解释是，大气中二氧化碳含量的减少引发全球降温。两种取自深海沉积物中的二氧化碳代用指标（有机分子碳同位素及可用于推断海洋 pH 值的硼同位素）都显示出大气中二氧化碳含量的减少。从气候模型来看，当二氧化碳浓度降至低于 750ppm（百万分比浓度）的阈值时，便会触发冰原增长；而其后出现的气候反馈又会加强先前的降温效果。大约 5000 万年前，受喜马拉雅山脉和青藏高原造山运动的影响，化学风化作用增强，这极有可能是这一时期大气中二氧化碳含量减少的原因。从那之后，随着二氧化碳含量的总体下降，全球范围内的持续降温趋势一直持续，直到第四纪才结束，从而对大约 300 万年前北半球冰原的形成以及随后推动人类进化的气候变化产生了重大影响。

除了以上两点，大约 300 万年前巴拿马地峡的形成以及中美洲海道的闭合，可能是造成北半球冰原生长的另一原因。海道的闭合使经由墨西哥湾流向北大西洋的暖流加强，促进了北大西洋深水的形成。强烈的转向循环增加了大气中的水分供应，再加上不断降低的气温，为冰川作用奠定了基础。随着地球倾角的变化，北半球夏季变冷，这可能是冰原形成的最终诱因。而气候反馈，则与在南极冰川作用形成过程中起到的作用类似，再次维持了冰原的增长。地球气候曾在300万年前经历过一次重大转变：从以无冰北极为特征的相对温暖时期，转变为受地球轨道参数变化控制的冰原周期性扩张与消融时期。北半球冰原的增长恰与这一转变相吻合。在气候转变发生之前，地球的平均气温比今天高出3℃。大气中二氧化碳浓度与今天400ppm的水平相当，这种情况在后来的地球历史上再也没有出现过。随着气温的下降，许多地区，特别是非洲大陆，变得越来越干燥。植被分布发生变化，影响了人类的进化过程。

·· 森林栖息地 ··

干燥降温的气候变化趋势给人类祖先的栖息地——非洲雨林带来了巨大变化。智人，即解剖学上的现代人类（简称AMH），是许多相近物种的最后幸存者，是人属下唯一的现存物种。大约在700万至600万年前，黑猩猩和解剖学意义上的现代人类从共同的祖先那里分化出来。与其他物种相比，黑猩猩是现存的在亲缘关系上与智人最近的物种，两者间有超过98%的相同DNA（脱氧核糖核酸）。其次是大猩猩，两者间相同的DNA大约为98%。在大约1200万至900万年前（这一时间存在着广泛的争议），大猩猩和现代人类共同拥有一个祖先。

尽管人类与黑猩猩的相似度超过了其他任何现存物种，但今天人类与黑猩猩之间的差异却十分明显。人类已经在全球大部分地区建立了定居点，并进入了许多曾经不为人知的地区。相比之下，黑猩猩和大猩猩在非洲的栖息地却在不断缩小。一些亚种，如山地大猩猩，目前仅生存在东非的一小部分区域内。人类的数量更是目前其统治地位的有力证明。截至2012年，全球人口总数已超过70亿。相比之下，非洲野生黑猩猩的数量估计在15万至25万之间。野生大猩猩的数量在10万到15万之间，主要以西部低地大猩猩为主。与这些和人类亲缘关系最近的物种相比，人类消耗的能量之多也是它们所无法比拟的。当前，人类个体活动每年所排放的二氧化碳量，即人均碳足迹，约为每人每年4吨。发达国家的居民人均碳足迹可达到这一数字的3～5倍。而黑猩猩和大猩猩所产生的碳足迹却几乎为零。

现代人类的祖先是如何与他们亲缘关系最密切的物种走上不同的进化道路的？他们为什么会走上这条道路？可以确定，人类不是从黑猩猩或大猩猩直接进化而来的，也不是

任何其他现存动物的直接后代。黑猩猩也并非由大猩猩直接
进化而来。尽管如此，我们的确曾拥有一个共同的祖先。许
多研究，尤其是对于黑猩猩的研究，为发现这一共同祖先的
栖息地和生存方式提供了重要线索。非洲热带雨林是黑猩猩
的主要栖息地。黑猩猩在这里的分布密度最大，数量最多。
除此之外，也有一部分黑猩猩生活在森林里，另有一小部分
群体则迁徙到了草原上。黑猩猩通常只会栖息在果树茂密的
地方，它们所选择的栖息地与它们的食物来源密切相关。在
黑猩猩的饮食结构中，水果占到 90% 以上，其他植物所占
的比例不到 10%。雄性黑猩猩很少吃肉。相比之下，大猩
猩对森林的依赖程度更高。生活在非洲热带雨林中的大猩猩
分属于几个不同亚种。迄今为止，非洲西部低地地区的大猩
猩数量最多，分布在喀麦隆、加蓬、中非共和国、刚果共和
国以及刚果民主共和国等地。大猩猩几乎完全依靠从植物中
获取营养。和黑猩猩一样，它们也更加偏爱水果。

　　对其他物种中人类近亲的观察，有助于增加我们对于共
同祖先的认识。数百万年前，智人、黑猩猩和大猩猩的共同
祖先生活在非洲尤其是热带区域的森林之中。那里的雨林可
以提供大量的水果供给，足以维持它们的生存。我们似乎更
容易想象一种与猿类更加相似的动物在树上或周围地带寻觅
水果的情景，而非我们人类自己。以黑猩猩和大猩猩的饮食
为参照，可知我们的共同祖先需要大量的野生无花果作为食

物。这就要求栖息地必须满足高温恒定、雨量充沛的条件。

鉴于它们已经适应了雨林的生活环境以及对水果的依赖，人类祖先为何会远离雨林，走上一条独立的进化道路呢？毕竟，黑猩猩和大猩猩并没有出现这种情况。可以说，只要维持基本生活方式不变，整个物种就非常有可能在雨林中存续下去。那么，究竟是什么驱使人类祖先离开非洲热带雨林，迁移到更广阔的栖息地呢？对气候变化的追踪，可以帮助我们找到这个问题的答案。气候变化可能会导致雨林的扩张，在更大范围内提供更加丰富的食物；气候变化也可能会缩小雨林的面积，进而导致食物供应量的减少。可以说，数百万年以来，气候变化推动了人类祖先的进化，使它们从其最近的亲缘物种中分离出来，走上了一条截然不同的进化道路。

·· 林地 ··

大约 400 万年前，另一个人亚族物种——南猿出现了。如果我们今天能见到南猿，会发现它们与现代人并非十分相似，反而与两足黑猩猩更加接近。最有名的当属一具于 1974 年发现的南猿化石标本——南猿"露西"。经研究，人们发现露西生活在 320 万年前，身高约 1 米，体重约 30 公斤。雄性南猿一般体形较大，平均身高接近 1.53 米，体重超过 50 公斤。露西所属的阿法南猿生活在大约 400 万至 300 万年前。它们的生活方式与现代人类相差甚远。尽管南猿的腿比人类要明显短得多，步幅也更小，但与生活在雨林中的祖先们相比，它们能更好地适应行走。

气候变化可能是南猿出现的一个关键因素。在寒冷的气候条件中，森林遭到破坏，逐渐消退，林地和热带稀树草原的面积扩大。这导致原先的首选食物——水果的减少。栖息地的这种变化迫使它们开始食用植物的块茎等比水果更加坚硬、更加难以咀嚼的食物。那时的南猿已具备了行走的能力，还能够挖掘其他食物以为自身提供充足的能量。在进化中，它们牙齿及下颚增大，能够长时间地咀嚼坚硬的食物。

·· 东非大裂谷 ··

在非洲，大陆内部的地质构造运动进一步改变着气候。东非地区尤为明显，沿着地表开裂的方向，一条条裂谷正在形成。这一过程可能早在 4500 万年前就已经开始，但直到约 1000 万年前，隆起运动和显著的地貌变化才开始加速。东非大裂谷的形成改变了该地区的生物群落。随着地形的多样化发展，在原先相对平坦的热带雨林中构建的生物群落，逐渐为一种植被种类更加丰富的生物群落所取代。如今，这一地区深谷与高山（其中最著名的是乞力马扎罗山和肯尼亚山）并存，同时还不乏湖泊与盆地。高耸的山峰阻挡了来自印度洋的水分，裂谷两边的山地加剧了气候干燥的总趋势，雨影沙漠逐渐形成。越来越严重的干旱加快了草原和热带稀树草原的扩张，环境对水文的变化也愈加敏感。

·· 热带稀树草原与狩猎采集者 ··

　　持续的气候变化很可能是人类进化过程第二关键阶段的关键因素。那时智人还远未出现。为了在气候变冷的非洲获取食物，人类祖先不得不继续扩大自身的食物来源，并对食物进行进一步的加工，还增加了肉类的比重。

　　非洲的气温越来越低，在这种情况下，著名的早期人属物种——直立人所具有的一些明显特征受到了自然选择的青睐。直立人最早出现于近 200 万年前。从外形上看，他们比南猿更加接近人类。尽管直立人彼此间存在差异，但与在约 200 万年之前一直在非洲生活的南猿相比，直立人不仅体形更加高大，四肢更长，而且脑容量也有所增加，因而对能量的需求也更大，这进一步刺激他们去追逐肉类等高能量的食物，也促使他们越来越多地进行行走和奔跑。直立人的身高最多可达约 1.8 米，体重可达约 60 公斤。他们行走和奔跑的能力比南猿更强。如果从这两个物种中，各挑选一个健康的个体进行赛跑，结果将十分悬殊。假如今天我们能见到自己的直立人祖先，我们一定会觉得十分不安：直立人与我们的相似度，比现存的任何物种都高，尽管我们彼此间的差异仍然十分明显。

直立人的生存依赖狩猎和采集。出色的奔跑和排汗散热的能力使他们可以胜任长时间的捕猎活动。他们在非洲热带稀树草原或大草原上长途跋涉，寻觅肉类。尽管直立人的奔跑速度逊于许多动物，最大奔跑速度与猎物相比也存在差距，但他们的耐力更好，可以长途追捕猎物，到最后甚至是靠行走，活活把这些猎物累死或热死。

与早期物种相比，直立人创造和使用的工具更加复杂。他们所使用的最古老的石器可以追溯到330万年前。这些工具包括手斧及其他用于狩猎和屠宰动物的工具。东非的几个遗址中均发现了作为被食用过的动物的遗骸。猎物分布的情况也可以证明人类的确是在开展狩猎活动，而不再是像以前那样，简单地俘获一些老弱幼小的动物。为了捕杀猎物，他们制作出了专门的工具。在坦桑尼亚的奥杜瓦伊峡谷和肯尼亚的奥洛格塞利遗址中可以看到，在大象和长颈鹿等大型哺乳动物的骨骼附近，往往都有大量锋利的片状工具。

·· 狩猎采集者及其分布 ··

作为狩猎采集者，直立人和其他人属物种都面临着栖息地人口密度的限制。热带稀树草原中任一区域提供的食物都仅够养活一小部分人口。随着时间的推移和人口数量的增长，在无法增加人口密度的情况下，他们只能扩大狩猎采集活动的范围。只有生活在更广阔的区域中，才能够养活自己。

在距今260万至1.17万年前的更新世，气候变化塑造了人类扩散的模式。这一时期，早期人类经历了明显的气候变化：冰期与间冰期反复交替，影响着冰原的生长和消退。

更新世期间，冰原的生长和消退与地球绕日轨道的三种变化有关，即地球公转轨道离心率的变化、地球自转轴倾斜角度的变化以及地球的岁差，这种影响被称为米兰科维奇循环。地球绕日公转轨道的形状或离心率，影响着地球在公转轨道上与太阳的距离。如果轨道呈完美的圆形，地球与太阳间的距离将全年保持相等。反之，如果离心率变大，轨道呈椭圆形，那么在一年中的某一时间段，地球与太阳间的距离变远，而大约六个月后，两者之间的距离又会逐渐缩小。从近似圆形到趋于椭圆，地球公转轨道离心率缓慢变化的周期，大约为10万至41.3万年之间。另一方面，倾角即地球自转轴倾斜的角度，驱动着地球上季节变化的强度。正是因为倾角的存在，地球上才会有季节的变化。目前，地球自

转轴的倾角为 23.5°，处于周期为 4.1 万年的观测值范围
（22° ~ 24.5°）之中。倾角越大，冬夏两季的差异越大。
地球自转轴的"摆动"，如转动的陀螺一般，再加上地球轨
道本身的旋转位移，使得大约每 2.2 万年就会产生一次气候
变异。正如我们所知的那样，分点岁差改变了地球在最接近
太阳（近日点）时所处的季节。目前，当地球处于近日点时，
北半球正值冬季，但在 1.1 万年前，却并非如此。

大约从 270 万年前开始，这三个循环相互作用，推动
了冰期与间冰期的交替。米兰科维奇认为，北半球高纬度地
区夏季太阳的辐射量（即日射量）会引发大冰原的生长或消
退。他认为，当夏季日照量处于最小值时，冰原可以一直保
持到冬季。随着时间的推移，冰原面积将逐渐扩大。而这时
地球离太阳最远，自转倾角最小，再加上椭圆形的公转轨道
（离心率更大）使得夏季更加凉爽，为冰原生长提供了理想
条件。反之，夏季日照量达到最大值，则会引起冰的融化，
逐渐向间冰期过渡。

米兰科维奇的这一理论在 20 世纪 70 年代首次得到证
实。从海洋沉积物中挖掘出的浮游生物成了有利的证据。这
些生物的壳中所含的碳酸钙成分的氧同位素，提供了过去海
洋温度和全球冰量的记录。同位素记录的变化与米兰科维奇
理论所推断的冰期作用相一致；此后，基于各种地质记录的
大量研究也都证实了这一点。这些记录表明，4.1 万年地球

倾角的变化周期主导了从 270 万至 90 万年前的气候波动。从那时起，冰期与间冰期之间的循环经历了一个长达 10 万年的周期，温暖期和寒冷期之间的转换比 90 万年前更加剧烈。当冰川极盛期来临时，海水冻结成冰，导致海平面下降。

全球冰量变化引发的海平面变化改变了直立人的迁徙路

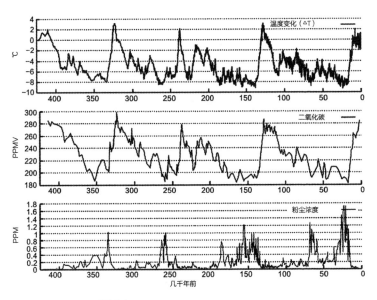

图 1.1

佩蒂特等人 1999 年在南极沃斯托克冰芯测得的温度变化曲线图（上图）、二氧化碳含量曲线图（中图）及粉尘浓度曲线图（下图）。粉尘浓度升高被认为是寒冷干燥期所致

来源：美国国家海洋和大气管理局

线。早在智人扩散到全球大部分地区之前，直立人就已经走出非洲，分散到欧亚大陆南部的许多地方。1890 年，直立人的遗骨第一次被发掘出来。而发掘地点并不在非洲附近，而是远在荷属东印度群岛，即今天的印度尼西亚。受德国科学家恩斯特·海克尔的启发，内科医生兼解剖学专家尤金·杜布瓦开始寻找从猿到现代人这一进行过程中的化石。1890 年，他挖掘出一块颚骨碎片，一年后又发现了颅骨顶部的化石。根据化石出土的地方，他们被命名为爪哇人。早在 160 万年前，直立人就已经到达了今天的中国和印度尼西亚。在中国发掘出土的化石标本被称为"北京人"。1950 年，杰出的进化生物学家恩斯特·迈尔将爪哇人和北京人都认定为直立人。最早的直立人遗骸后来在东非被发现。实际上，并非世界上所有地区都能够找到化石证据，因而很难重构直立人迁徙扩散的全过程。他们很可能由海岸线或海岸附近的路线，扩散到欧亚大陆的广阔区域。在此过程中，海平面突然发生变化，造成海岸线断裂，可能会阻止或减缓直立人的长途迁徙。然而，与此同时较低的海域显露了出来，陆桥面积增加。直立人通过陆桥可以到达印度尼西亚的一些地区。可以推断，直立人很可能会沿着一块新浮现的陆地（即后世所称的巽他古陆）进行迁徙，最终进入印度尼西亚的爪哇等地。今天，巽他陆架已没入水下，成为亚洲大陆架的一部分，其深度不超过海平面以下 100 米，许多部分甚至更浅。在欧亚大陆内部，冰原的扩张减小了最适宜生存区域的面积。历经几次冰川极盛期，直立人最终存活了下来，但幸存者可能仅仅存在于一些较小的区域之内或避难所中。随着人口数量减少，他们陷入了孤立无援的境地，未来只有两种可能：进化或是灭绝。

由直立人进化而来的人科物种，除了我们智人之外，还包括海德堡人、尼安德特人、丹尼索瓦人以及弗洛勒斯人（尚有争议）。海德堡人的起源可以追溯到70万年前。而尼安德特人的历史可追溯到30万至20万年前，主要分布于欧洲。2010年，通过对西伯利亚南部洞穴里的遗骨进行基因分析，科学家们证实了丹尼索瓦人的存在，而他们以及其他种群与海德堡人之间究竟有多大的差异，至今仍无定论。在印度尼西亚弗洛勒斯岛上发现的一些体格较小的骨架化石证明了另一支人科动物——弗洛勒斯人（即今天人们所熟知的霍比特人）的存在。

冰川极盛期给人类带来了巨大的挑战，尤其是那些分布在北部的种群。但在更新世期间，人类对气候变化的适应力更强，他们开始利用火。人类使用火的证据最早可以追溯到80万年甚至是100万年前。到40万年前，人类对火的使用已习以为常了。尽管没有直接的证据能证明人类开始穿着衣物，但海德堡人能够在欧洲较冷的地区生存下来，就足以说明这一点。除此之外，他们甚至还给矛装上了锋利的尖头。

技术和材料开发能力的提高，指向了所谓的文化。文化的出现使人类得以到达其祖先无法生存的区域，进行资源开发。尽管如此，随着气候变得愈加寒冷和干燥，北部的居住范围会逐渐收缩，不同的种群可能会因此而分隔开来。

·· 气候变化与智人 ··

与此同时，大约在30万至20万年前，智人在非洲出现。长期以来，科学家们一直对智人的发源地争论不休。尽管有模型表明，欧亚大陆上有多个地方都可能是智人的发源地，但就目前看来，最有说服力的当属非洲起源论。不管是来自化石发掘和考古现场的物理记录，还是基因分析的结果都可以说明这一点。今天，非洲人口的遗传多样性远大于其他地区。这种变异模式是非洲起源论的又一有力证据：遗传多样性在非洲已经积累了20多万年，而其他地区的人类，都是6万年前离开非洲的那一小部分种族的后裔。只有在非洲的直立人，最终为智人的进化贡献了核心血脉。

有关史前时期的智人最难回答的问题可能是，他们究竟是如何以及为何会发展出诸如创造复杂艺术、制作手工制品等现代行为的。关于这些行为发生的确切原因仍存在争议。一种观点认为，这种现象早在10万年前就出现了，但也有大量的考古证据表明，人类的创造性活动大约在 5 万年前，才开始出现爆炸式增长。

在漫长的史前时期，气候变化影响着智人的生存环境，也影响着他们走出非洲的过程。在米兰科维奇循环的持续作用下，冰川极盛期和间冰期交替往复。在间冰期高峰时也会出现较短的周期性变异。这些周期，可以通过氧同位素分期（MIS），即海洋微生物（有孔虫）外壳氧同位素值的变化来辨认，从而为研究过去几百万年间的气候变化提供了一个时间框架。间冰期在 12.4 万至 11.9 万年前时达到顶峰。在此期间，气候温暖，海平面升高。高地，被视为海平面升高的标志，曾分别出现在 12.4 万年前、10.5 万年前和 8.2 万年前。在 13 万至 8 万年前这一时段，总体气候变化处于氧同位素 5 期，但从 7.4 万年前开始，气候转变到了氧同位素 4 期，地球开始逐渐变冷。

在冰期 – 间冰期循环中，智人还经历了几次气候突变，并幸存了下来。这些突变包括丹斯果 – 奥什格尔事件（气候突然变暖随后又逐渐变冷）和海因里希事件（气温骤降）。气温出现大幅振荡，严寒大约持续了一千年之久，而在随后的十年中，气温骤升，打断了整个气候变冷的过程。温暖的气候维持了 200 ~ 400 年，又逐渐让位于寒冷。每隔 7000 年至 1.2 万年，在发生海因里希事件的最冷时期，沉积物中就会发现释放出的冰携碎片。因此，智人和同时期的其他所有人类种群都经历了显著的气候振荡，其剧烈程度是我们目前所处的全新世期（末次冰盛期结束后的时期）中的任何气候变化都无法比拟的。

深海环流的变化可以帮助解释地球气候历史上的一系列突变，包括海因里希事件和丹斯果 - 奥什格尔循环。目前，海洋深水形成于大西洋的极地地区，那里的水温很低，再加上两极附近形成的海冰，进一步增加了这一区域海水的咸度。随着海水密度的增加，水流下沉到海底，在海洋深处流动，直到深水最终再次浮出海面。在经过了 1000 ~ 1500 年后，形成了一个完整的回路。在这期间，如有淡水流冲进深水形成的区域，则会中断这一过程，减缓深海环流，并最终导致北大西洋变冷，在海因里希事件中就经常发生这样的情况。

从较短的时间尺度上来看，大型火山爆发可能会导致短期的气候突变，引发暂时的气温下降。而降温的程度主要取决于喷发的类型和位置。举一个近期发生的例子，1991 年菲律宾的皮纳图博火山爆发后，全球气温下降了 0.4℃。而1815 年坦博拉火山爆发后，局部区域的气温下降了多达几摄氏度。以这些年代较近的例子为参照可以推断，在 7.4 万年前，规模更大的多巴超级火山喷发后，大量的火山灰被推入大气层中，气温可能出现了更为显著的下降。而 4 万年前的坎帕阶熔灰岩喷发，也极有可能导致了明显的降温。由于距离海因里希事件发生的时间很近，这次喷发也潜在地增加了海因里希事件的降温效果。

在所有气候变化中，热带降水的变化似乎对智人扩散方式的影响最大。在北非和中东，受岁差周期的驱动，每2.2万年会出现一次湿润期和干燥期的交替。这种模式被视为更新世时期的"泵"，因为它扩大了可供人类繁衍生息的地域，并为人类在大陆间的迁徙开辟了道路。当湿润期来临时，狩猎、采集者向北扩散。这时的北非，又被称为"绿色撒哈拉"。

今天，撒哈拉沙漠是世界上最大的亚热带沙漠。它横跨北非大部分地区，其边界地带也十分壮观。穿越沙漠的旅行者必须十分小心谨慎，随身携带大量的饮用水。然而，这一地区的动物遗骨及裸露岩石上的图画表明，撒哈拉沙漠并非一直如此干旱。

正如地球绕日轨道变化影响冰原的生长和消融一样，大量证据表明，岁差循环驱动着与绿色撒哈拉息息相关的季风强度的变化。夏季的亚热带，当太阳日照值达到最大值时，夏季风增强，每2.2万年左右会形成一次"绿色撒哈拉"。非洲的湖泊水位、地中海中的泥沙沉积物以及蕴藏在大西洋赤道沉积物中的微化石都可以说明湿润期的存在。

地中海中的泥浆沉积物含有丰富的有机物，这表明水分中的氧含量不足。今天，地中海中存在着一种倾覆循环，富氧海水从表面被带到海底，使海床充满氧气。当海水流量高于正常值时，倾覆量减少，氧气无法到达，或仅有极少量的氧气能够到达深海，造成海水的含氧量不足。这时，生活在表层的浮游生物残骸埋藏在淤泥中，使其富含大量有机物。因此，富含有机物的腐殖质层可以看作是强季风降水导致河水流量增长的记录。地中海流域腐殖质层的年代间隔以及与之相对的绿色撒哈拉时期，恰好与驱动季风增强的 2.2 万年的岁差循环相吻合。

对海洋沉积物中微化石的分析，也为绿色撒哈拉时期的存在提供了额外的证据。一种被视为关键证据的特殊的淡水藻类微生物每隔 2.2 万年就会在非洲西海岸的海洋沉积物之中出现。作为一种淡水物种，藻类最初起源于陆地，当湖泊水位升高时快速繁殖。在湖泊最终干涸后，风吹过湖床，把海藻残骸带到了海里。无论是具有 2.2 万年历史的海藻遗迹，还是地中海流域腐殖质层的年代，以及对中国和巴西等地的洞穴沉积物的研究，都为岁差驱动季风强度长期变化的假说提供了支持。

地球轨道参数影响着热带湿度变化以及大冰原的扩张和消退，进而在全球范围内影响着人类的扩散。相比之下，气候突变所带来的区域效应可能更大。气候模型显示，丹斯果—奥什格尔事件对智人在地球上的整体分布情况所起到的影响是有限的，但对生存在黎凡特地区的人类却带来了极大的影响。量级如超级火山这般的庞然大物一旦爆发，喷发出的火山灰足以将天空遮蔽，引发气温下降。低温一旦持续一年以上，粮食的供应量便会急剧减少，饥荒随之而来。另一种情况与之相反，多巴火山爆发后，释放出的气溶胶进入到大气层中，因某种未知的原因减弱了降温效果。根据目前的发现，多巴火山的爆发可能带来了一个十分严酷的冬天，但也有可能仅对气候造成了些许温和的影响。除此之外，大规模火山爆发还会带来人口的显著下降。基因分析表明，智人曾经历过人口瓶颈期，个体数量可能一度下降到仅有数千人。尽管我们尚无法确定，究竟是哪些事件或因素导致了当时地球上的人口总数下降到仅相当于今天一个小镇的人口水平，但多巴火山的爆发无疑是原因之一。从目前掌握的情况来看，智人在火山爆发时还没有走出非洲。

和直立人一样，智人也走出了非洲，扩散到了更广阔的区域。这种扩散并不是一次性完成的。稀树草原以及林地的扩张和收缩，周期性地为智人的迁徙开辟着道路。事实上，智人在进入中东地区之后，可能又再次后退了回去，或者在进一步迁徙之前就已经死亡。他们对现代非洲人口遗传物质的贡献很少。而真正成为现代非洲人祖先的智人种群，在8万至5万年前仍分散在非洲以外的地区，沿着亚洲南部的海岸线移动。相比之下，智人扩散到欧洲的速度要更慢一些。

虽然海平面较低，但智人最终仍是经由海路到达了今印度尼西亚中部的苏拉威西岛和澳大利亚附近。较低的海平面缩短了亚洲大陆与近海岛屿之间的距离，但仍需在海上航行20英里甚至60英里才能到达今澳大利亚和新几内亚所在的萨胡尔大陆。大约在5万年前或更早，解剖学意义上的现代人来到了澳大利亚。最近发掘出的一个岩洞证实，在6.5万年前已有人类存在于此。从基因分析来看，这块大陆上的土著居民是某一单一种群的后代，他们曾遍布澳大利亚各地。大约4万年前，长期干旱导致芒戈湖地区狩猎采集种群的人口密度降低。人类出现的时间越早，他们与大型动物共存的时间也就越长。尽管如此，在人类到达之后，大型动物就开始逐步走向灭绝。芒戈湖流域的大型动物在4.6万年前全部消失，而在澳大利亚其他地区，大多数大型动物在4.5万年前也就灭绝了。除了狩猎活动以外，人类对火的使用改变了原先的自然环境，给大型动物的生存带来了新的压力。

人类想要到达日本，同样需要进行短途海上航行。智人在日本的第一个落脚点约出现在3.8万至3.5万年前。当时他们所猎杀的物种，如瑙曼象等，现今都已灭绝。这些物种灭绝的原因在很大程度上取决于对最后一批巨型动物生存年代的测定。如果时间较早，在人类到达日本后不久，说明人类狩猎是巨型动物灭绝的关键因素。相反，如果时间较晚，处于冰川极盛期，则说明气候变化起到了主导作用。

·· 尼安德特人与智人 ··

气候变化影响了包括尼安德特人在内的所有人类种群。长期以来，尼安德特人灭绝的原因一直是个未解之谜。迄今为止，在所有关于人类种群的记录中，有关尼安德特人的资料是除了智人以外最完整的。尼安德特人一直生活在欧洲和西亚，后来解剖学意义上的现代人来到这里，两者共存了至少几千年。与智人相比，尼安德特人更加矮小结实，四肢更短，但脑容量已到达更新世时期智人的水平。他们能够制造和使用复杂工具（尽管与智人相比尚有差距），懂得利用火，并知道要掩埋尸体。那么，尼安德特人为何最终还是走向了灭绝？是由于竞争？气候变化还是其特有的系统性问题，又抑或是这些因素的某种组合效应？

尼安德特人和智人都在之前的冰川极盛期中幸存了下来。大约13万年前，智人在倒数第二次冰川极盛期（与最近一次冰川极盛期之间间隔两万年）时出现在非洲。从19万年前开始持续到13万年前的低温环境，造成了智人数量的下降。面对人口瓶颈，智人不得不向非洲南部的沿海地区迁徙。尼安德特人同样在倒数第二次冰川极盛期时幸存了下来。较短的四肢使他们可以比智人更好地适应寒冷的生存环境，但这种优势可能也只是相对而言。在冰川极盛期，无论是智人还是尼安德特人都需要衣物来御寒，以保证自己能够在栖息地寒冷边缘的地带生存并繁衍。冰川极盛期可能同样给尼安德特人带来了压力，迫使他们向南方迁移，从而导致了其谱系的中断。

随着人口数量的减少，尼安德特人的处境越来越危险。与其他哺乳动物相比，人类的遗传多样性较小，这使得他们更容易受到环境变化的影响。例如，与黑猩猩相比，现代智人的基因变异要少得多。而从 DNA 的分析中发现，尼安德特人的基因多样性甚至比智人还要小。由于尼安德特人的人口总量很小，且分布较为孤立，死亡率的小幅上升就有可能会导致整个种群走向灭绝。

除此之外，与智人的竞争也给尼安德特人带来了挑战。我们也许永远无法获知智人与尼安德特人之间相互影响的所有方式。解剖学意义上的现代人类进入中东和欧洲后，便开始了与尼安德特人在资源方面的竞争。我们同样无从得知在这样的竞争中智人是否总占优势，但智人的人口密度可能超过了尼安德特人。食物供应量的减少使尼安德特人濒临崩溃。在极端情况下，两者间的竞争甚至会升级成为暴力冲突。尽管目前并没有证据证实这种暴力或"战争"的存在，但哪怕仅仅是对资源的抢夺就会给尼安德特人这样的小种群带来同样严重的后果。

智人与尼安德特人之间偶尔会发生杂交。对 DNA（脱氧核糖核酸）进行分离和分析的最新研究结果表明，欧亚人

（离开非洲的人类种群）与尼安德特人共有约 2% 到 3% 的相似基因组。西伯利亚西部发现了一具 4.5 万年前的男性智人遗骨，通过对其股骨的 DNA 分析，发现智人与尼安德特人的杂交行为很可能发生在 6 万到 5 万年前。他所拥有的尼安德特人基因的比例与现代欧亚人相同，但他体内尼安德特人的基因片段要更加连续。遗传分析显示，东亚人和欧洲人的基因中存在着两套不同的尼安德特人基因，而在现代东亚人身上又发现了第三套基因。由此可以推断，这两个种群间的杂交现象可能发生过不止一次。与此类似，智人也曾与丹尼索瓦人发生过杂交——美拉尼西亚地区的智人与丹尼索瓦人共有 3% ~ 5% 的相同基因组。

关于最后一批尼安德特人遗骸所属年代的争论，迫使人们开始重新思考尼安德特人灭绝时的情形。研究者使用传统方法，利用遗骨中的放射性碳元素来测定欧洲遗址中发现的年代最近的尼安德特人所处的年代。然而，残留在 4 万或 3 万年前样本中的碳 14 元素十分稀少，即使只是轻微的污染也很容易对年代的测定形成干扰。利用新技术对骨骼的主要成分——胶原蛋白进行超滤处理，有助于去除少量的现代碳元素。欧洲大部分尼安德特人遗址的所属年代因此而改写。在西班牙一处遗址中发现的尼安德特人遗骨，其年代曾被认为在大约 3.5 万年前。在利用新技术再次检测后，这一数字变成了 5 万年前。对最后一批尼安德特人遗骸年代的修正，至少在两个重要方面改变了目前对尼安德特人灭绝情况的认识。首先，尼安德特人早在末次冰盛期之前就已经灭绝，因此他们不是最近一次冰河时代的直接受害者。其次，尼安德特人和智人在同一地区共存的时间比之前认为的要短。

对于任何一个曾在冰川极盛期中存活下来的物种而言，气候变化本身不足以成为他们灭绝的关键原因，但气候变化确实增加了人口较少的种群在与智人竞争中的难度。在末次冰盛期之前，欧洲不断扩张的冰原同时缩小了尼安德特人和智人的生存范围。大约 6 万年前，冰原覆盖了不列颠群岛的大部分地区以及斯堪的纳维亚半岛、波罗的海和中欧北部的部分地区。到了 5 万至 4 万年前，气候在冷暖之间波动，人类物种所能到达的区域也在收缩与扩张之间不断交替。在冰原蔓延时，尼安德特人可能会与其他种群一样在冰期避难所中存活下来。与智人相比，气候变化给尼安德特人这样规模较小的种群造成的危害往往更大。由此可以推断，大约 4 万年前，在海因里希事件和坎帕尼安伊格尼的布里特火山爆发同时发生所造成的降温中，尼安德特人（如果那时他们仍然存在的话）所面临的人口减少的威胁要超过智人。随着尼安德特人的灭绝，除了一个生活在弗洛雷斯岛上某个孤立区域中的疑似直立人后代的种群之外（1.7 万年前灭绝），智人成为了唯一幸存下来的人类种群。

·· 末次冰盛期与智人 ··

从 3.3 万年前开始，智人经历了一次明显的降温过程，最终迎来了末次冰盛期。在此期间，人类对气候变化既有依赖性又有适应性。受严寒和冰川作用的影响，一些地区不再适合人类居住。大约 2.5 万年前，人类在他们曾定居过的许多地区（如不列颠等）消失了。在东亚，长久以来人类主要集中在北纬 41 度以南的区域，但狩猎、采集者偶尔也可能会越过这一区域，进入更北的地区。

冰原的扩张使动植物群落也发生了变化。今天存在于北极的苔原带，在末次冰盛期时曾向南后退，压缩了植被和水分丰富地区的面积。在非洲，当冰川极盛期来临时，撒哈拉沙漠足足向南延伸了 400 千米，面积比今天所见的撒哈拉沙漠更为广阔。

虽然末次冰盛期迫使部分人类离开了自己曾经的家园，但在那些因气候变冷，动植物构成发生显著改变的区域，人类仍设法获得了一些资源。苔原地区并非渺无人烟，干草原上也一直有人类的足迹。即便是末次冰盛期，也没能阻断智人在西伯利亚地区的存续。除了西北部以外，西伯利亚的其他地区鲜有冰川。极地沙漠在苔原带和草原带以北的大部分地区普遍存在。那时的气候非常严酷，比历史上任何时期都要更加寒冷、干旱，尤其是在冬天。当冰川极盛期来临时，想要在这一地区生存需要大量的衣物和燃料。当地人靠捕杀驯鹿、野牛、马和羊来养活自己。从处于末次冰盛期的旧石器晚期人类遗址中发掘出了一些现已灭绝的动物的骨骼，如长毛犀牛和长毛猛犸象等。这些遗骨不一定就是人类狩猎活动的证据。人类完全有可能将收集来的猛犸象骨骼作为燃料。在德国和瑞士北部发现的旧石器晚期遗址说明，人类曾在与冰原如此接近的区域生存下来，这不得不令人惊叹。

几千年来，北方的寒冷气候更有利于身材明显偏小的种群。智人寻找伴侣时会表现出某种偏好，这一点虽不能被证明却也不能被忽视。后来，根据体型、肤色和瞳孔颜色的差异，人类分为了不同的种族，而这些差异恰恰表明了气候的影响。例如，生活在北方高纬度地区的人类往往拥有更加白皙的皮肤，从而有利于体内维生素 D 的产生。

从非洲的稀树草原到冰原附近的寒冷地区，智人在不同的地区都生存了下来。他们对气候的适应能力惊人。居住在北极圈以北的人类，无论他们的祖先中有多少代人曾生活在类似的环境中，在冬季也无法在不加保护的情况下冒险外出。智人为自己找到了栖身之所，还制作了温暖的衣物。由于 3.4 万年前的衣物一件都没有保存下来，所以目前并没有直接证据能证明智人在制衣技术方面的革新。但一些迹象可以间接证明在此之前人类就已开始使用工具制作衣物，如锋利的刀片、用来打洞的锥子和带针眼的缝衣针等。

智人在末次冰盛期时已经开始懂得利用衣物来御寒。1991 年，徒步旅行者在南阿尔卑斯山脉蒂罗尔山发现的一具新石器时代的男尸有助于证实这一点。这名男性死于 5300 年前，冰雪覆盖下的尸体变成了一具保存完好的木乃伊。他身穿兽皮制成的大衣和紧身裤，头戴熊皮帽，脚着一双由熊皮和鹿皮制成的鞋，鞋里还有草垫用来保暖。相比之下，处于末次冰盛期的早期智人不可能穿着同样材质的衣物，因为那时的他们甚至连山羊都没能驯服。但从这具冰人的穿着中，我们仍可以看出早期人类已懂得利用衣物来应对恶劣的气候。

末次冰盛期期间的气候变化，对人类分布范围的扩大具有阻碍和促进的双重作用。冰原在形成过程中吸收了大量海水，海平面因此下降了 140 米，大片陆桥由此形成。今天，将亚洲和北美洲以及俄罗斯和美国分隔开来的白令海峡，在末次冰盛期时却是一座陆桥，即后世所称的白令陆桥。与此同时，冰原和极寒气候也减缓了人类的运动速度，与 5 万至 4 万年前相对较快的运动速度形成了鲜明的对比。随着末次冰盛期的结束，多数陆桥逐渐变窄，但白令陆桥却一直存在，直到 1 万年前才逐渐消失。

随着冰原的退去，人类不仅重新回到了冰川极盛期时撤离的地区，还进入了许多过去从未踏足过的区域。后来发现的一些被屠宰的动物的遗骨表明，早在 1.6 万年前，人类就已从欧洲北部回到了不列颠。智人从地中海附近的冰川避难所向北扩散，经由近东的部分区域迁移到欧洲。目前，研究者们正通过基因分析来判断，不同地区的人类种群对现代欧洲人基因的贡献。

再把目光转向亚洲，大约 1.9 万年前，来自东南亚和中国南部邻近地区的种群开始向北迁移至东亚。在西伯利亚的德贝加尔地区，人类种群消失于 2.48 万至 2.28 万年前之间。随着冰川极盛期的结束，中国、韩国和日本都出现了文明进步的迹象，这里的人类已可以驾驭微刃技术。他们将石英或黑曜石等制成锋利的小刀片，再附着在木桩上，长矛由此产生。可以说，此类技术的发展正是受益于人类向北、向东迁徙浪潮的影响。

末次冰盛期结束后，人类踏上了从东北亚向美洲扩散的旅程。他们究竟于何时越过白令海峡进入美洲，相关研究提供了几种可能性。考古学和遗传学证据表明，这一迁徙过程并非是连续不间断的，而是经历了多个不同阶段。人类于 3.8 万或 3.7 万年前到达日本，在 3.1 万或 3 万年前到达西伯利亚东北部。在西伯利亚北极圈以北的亚纳河上，发现了这个时期的手工制品。从中我们可以惊讶地看到，那时的人类已开始利用犀牛角和猛犸象牙来制作长矛的手柄，还会用圆点或横线在象牙上作标记。末次冰盛期时，到达这里的人类有可能又接着向东前行，抵达了更远的白令陆桥，并顺着沿海无冰区继续行进。尽管那里的气候寒冷，但白令陆桥在冰川极盛期时却几乎没有结冰。在这种情况下，人类向美洲迁徙的步伐出现了暂时的停滞。

与此相反，另一种可能性是，大约1.5万年前，冰原融化，人类直接进入白令陆桥并继续向南部和东部迁移，最终进入美洲。除此之外，还有一种模型显示，大约1.8万年前，人类跨越白令陆桥的进程出现过短期的停滞。然而，这一时期以后，海平面不断上升，想要确定人类究竟以何种迁徙模式进入美洲，变得愈加复杂。那些原本可能提供有用线索的考古遗址，现已全部被海洋所淹没。

在习惯了沿海地区的生活之后，人类便开始沿着海岸线迅速南下。1.4万年前，他们到达了远在南端的智利的蒙特贝尔德，并在那里建立了定居点。也有证据显示，人类在此之前就疑似曾在蒙特贝尔德及附近地区出现过。如果这一点能够被证实，那么智人扩散到这一地区的时间还会更早。人类在蒙特贝尔德的定居点被发现于一个泥炭沼泽之中。在那里，智人筑起棚屋当作自己的栖身之所。从遗址中发现的动物遗骸表明，他们以贝类及一些现已灭绝的哺乳动物为食，其中包括一种与大象有亲缘关系的物种——嵌齿象。此外，他们也食用植物和坚果，并从海洋中获取各种藻类。与今天相比，那时的蒙特贝尔德与海洋之间的距离要更远一些。

气候变化不仅给智人带来了挑战，也影响着其他许多动植物。一部分动物在冰川避难所里幸存下来，为进化创造了可能性。剩下的那部分，在气候变化、人类狩猎或这些因素和其他因素的综合作用下，丧失了自己的栖息地，最终走向灭绝。

许多现已灭绝的巨型动物都曾遭受过人类的猎杀，这一不争的事实使得人们不禁思考，在巨型动物灭绝的过程中人类究竟扮演了何种角色。一些巨型物种曾世代在大陆上生息繁衍，如巨鹿、长毛猛犸象以及澳大利亚大陆上的许多巨型有袋动物，如袋狮等。这些东西灭绝的时间相对较晚。如今，嵌齿象在美洲已不复存在。北美和南美的巨型动物大部分灭绝于1.2万至1万年前之间，灭绝的模式十分相似。在之前的间冰期中，巨型动物通过考验存活了下来，这表明在巨型动物灭绝的过程中人类猎人起到了决定性作用。但这也不排除，在末次冰盛期之后气候变化可能降低了一些地区植物的多样性，大大减少了一种富含大量蛋白质的非禾本草本植物的供应，而这种植物恰恰是巨型动物重要的食物来源。

·· 小结 ··

与人类文明区区几千年的历史相比，人类原始物种进化的数百万年以及智人出现的几十万年是一段相当漫长的时期。有关这一时期的信息显示，尽管人类祖先和早期人类对气候的依赖性很强，但同时他们也不乏抵御气候变化的能力。在不同时期，气候变化影响并促进了自然选择的发生，最终导致了人类的出现。干燥寒冷的气候使非洲热带雨林的面积缩小，食物来源多样的个体显示出了自身的优势。他们更容易在分散的小片丛林中觅得食物。而热带稀树草原及附近区域，则更适合那些能够长距离追寻猎物，或是善于交流、合作的个体。气温下降是南猿以及后来直立人能够在非洲出现的主要原因。

冰期—间冰期的振荡模式影响了直立人以及从直立人进化而来的其他物种，如智人及他们的近亲。冰川作用使海水冻结形成陆桥，为直立人走出非洲提供了便利，但冰川极盛期也减少了可供人类繁衍生息的区域。

人类一方面对气候有依赖性，另一方面对气候变化甚至是气候突变也表现出了相当大的复原力。比起人类文明这个较短的时间跨度，间冰期与冰川极盛期之间的波动所引起的气温振荡和海平面变化要大得多。人类在超级火山爆发之后，在海因里希事件期间，还经历了几次气候突变。末次冰盛期时，冰原的生长使人类无法获得永久性的定居地，但部分人类种群仍然设法在离冰原不远的北方地区开发资源。可以说，人类的进化至少在很大程度上受到了气候变化的驱动。我们的祖先所经历的气候变化的剧烈程度要远远大于现代人。作为杂食者，他们有能力调整自己的捕猎范围并不断追寻新的猎物，这一点与食肉动物相似；但与其他肉食动物不同的是，他们能够接受的食物种类更加丰富，这无疑增强了他们的适应力。然而，即便是在这些巨大的气候变化中幸存下来的解剖学意义上的现代人，与我们之间也存在着巨大差异。他们生活在完全不同的社会条件下，其人口总数与我们相比微不足道。随着人口瓶颈的出现，他们的人口数量下降到仅有几千人，面临着巨大的生存危机。随着人口逐渐减少，尼安德特人最终走向了灭绝。尽管人口总数的断崖式下跌可能意味着灭绝，但人口较少没有大型定居点也具有一定的优势：整个智人群体所需要的食物和能量远远少于我们今天的水平。即便如此，寒冷的天气还是导致了遗传谱系的中断，许多人类种群最终走向灭绝。

❷

农业的兴起

· 末次冰盛期之后

· 新仙女木事件

· 农耕

· 农业的传播

· 8.2k事件

· 『绿色撒哈拉』的终结

· 复杂社会

· 小结

·· 末次冰盛期之后 ··

随着气候的回暖，人类经历了一系列新的变化。许多动植物的分布范围发生改变。冰川融化，释放出大量海水，导致海岸线移动，陆桥变窄，海平面逐渐上升。原先的许多营地和迁徙路线被海水淹没，曾经熟悉的景象消失不见。人类的栖息地也迅速发生着变化：许多冰川极盛期时被迫放弃的地区得到了恢复，同时还开辟了一些新的区域。人类回到曾被冰雪覆盖的北欧，并进一步扩散到了欧亚大陆上那些海拔较高的地区。在美洲，人类足迹一直延伸到冰原的边缘地带。劳伦泰德冰原在其最高峰时曾覆盖加拿大的大部分地区及邻近的美国境内的一些区域。在离劳伦泰德冰原边缘不远的威斯康星州，却挖掘出了人类使用的工具和带有屠宰痕迹的猛犸象骨。总的来说，末次冰盛期之后，人口流动恢复，人类扩散到地球上大部分地区，只剩下夏威夷、新西兰等一些岛屿以及南极洲大陆尚了无人迹。

更新世晚期，人类已经能够开发和利用大量的资源和食物。发源于北美的克洛维斯文化创造出一种带有凹槽的枪头。这种枪头最早出土于美国新墨西哥的克洛维斯地区。因此而得名的克洛维斯人主要生活在今美国和墨西哥的部分地区。他们以大型动物为狩猎对象，如猛犸象、许多类似大象的动物及野牛等。令人们意想不到的是，克洛维斯人除了以猛犸象等大型动物为食外，也会食用植物、小型动物和鱼类。

进入南美洲之后，人类逐渐适应了不同的环境条件。他们沿海岸线分散开来。最早的定居点出现在秘鲁北部沿海的修阿卡彼达等地，距今已有 1.42 万至 1.33 万年的历史。与此同时，人类也开始向内陆进发。在安第斯山脉海拔 4500 米处发现了一处 1.24 万年前的营地遗址，这足以证明居住在南美洲高地上的早期狩猎、采集者曾在高山环境中开发资源。

狩猎采集者的身影也同样出现在亚马逊盆地。研究者对巴西佩德拉富拉达遗址中裸露的岩层进行碳年代测定，并对沉积物来源进行了研究，但却迟迟没有结论。而在巴西北部蒙特阿莱格雷镇附近发现的一处彩绘岩洞——佩德拉·平塔达洞穴遗址，却可以证实在更新世晚期人类已在该地区立足。巴西各地有许多分散的遗址，他们的历史可以追溯到1.55万至1.28万年前之间。由此可以推断，这一地区的早期定居点出现在河谷形成之后。包括亚马逊热带雨林、热带稀树草原和南部的潘帕斯草原在内，巴西多地都发现了1.28万年前至1.14万年前人类活动的遗迹。

人类在南美洲最南端巴塔哥尼亚的出现，为解释巨型动物的灭绝提供了一条重要线索。通过对巨型动物线粒体DNA的研究，可以精确地确定猛犸象和巨型树懒等灭绝的具体时间。在人们印象中，树懒是一种生活在中美洲和南美洲的哺乳动物，体重在约8公斤到9公斤之间。显然，人们对于现代树懒的这种认知与当时美洲巨型树懒（即磨齿兽）的形象相去甚远。巨型树懒的体重可高达约180公斤，从鼻子到尾巴的长度约为3米。人类于1.5万至1.46万年前之间到达巴塔哥尼亚。1.44万至1.27万年前，南半球气候发生了所谓的南极冷逆转（ACR）。在此期间，巨型动物和人类种群共存。在南极冷逆转结束之后，南半球气温快速回升。而此时的北半球正处于新仙女木事件的影响下，气温迅速下降。从1.228万年前开始，巨型动物开始灭绝。仅用了三个世纪的时间，巴塔哥尼亚地区83%的巨型哺乳动物就全部消失。在这期间，来自人类生存竞争的压力加重了气候变化的冲击，巨型动物没能延续在以往间冰期中的命运，最终走向了灭绝。

在欧洲发现的大量文物和考古遗址显示，人类社会在末次冰盛期之后开始蓬勃发展，并日益复杂。人类在狩猎等一些活动中所使用的工具越来越专业。狩猎、采集者在适于捕猎的地方建造起季节性营地。今天，位于比利时境内的一处浅湖岸畔就是当年的狩猎营地之一。当时，人们在那里采集了大量依水而生的植物，捕获了许多循水而来的动物。在包括莱茵兰在内的许多地区，人们开始频繁地使用弓箭作为狩猎武器。事实证明，在冰川以南的北方森林中，弓箭非常适合用来捕鹿。更新世晚期，采集植物和植物材料是格鲁吉亚高加索西部边缘地带及其他一些地区狩猎、采集者的另一项季节性活动。马格达莱尼文化，起源于西班牙北部，经法国延伸到中欧，因法国西南部多尔多涅河谷的一处遗址而得名。当时的气候条件比今天更加寒冷。在所有猎物中，马格达莱尼人对驯鹿的捕杀尤为密集。在西欧和中欧的大草原上，新型工具被应用到捕猎之中。马格达莱尼的猎人们手持由驯鹿骨制成的长矛投掷器，从远处发力，对猎物进行攻击。到了马格达莱尼文化后期，鱼叉逐渐普及，捕鱼活动也变得更加频繁。

这些长矛使用者也经常用雕刻过的头骨来装饰自己，这反映出装饰艺术的发展。这一时期最著名的装饰艺术为洞穴壁画。世界上最早的洞穴壁画出现在法国等地，大约形成于

1.7 万至 1.2 万年前之间。尽管洞穴壁画的诞生早于马格达莱尼文化，但马格达莱尼人创作的洞穴壁画却更加非凡，令举世震惊。许多遗址中都保留有马格达莱尼人留下的壁画。1940 年，在法国拉斯科洞穴中发现的壁画，描绘了鹿、野牛等许多动物形象。其他属于马格达莱尼文化的洞穴壁画也展示了类似的主题。除了洞穴壁画之外，马格达莱尼人还制作出便于随身携带的物件，如刻有拉斯科等洞穴壁画中不常见的驯鹿图案的骨头等。

除了狩猎之外，马格达莱尼人也靠采集植物来维持生计。在马格达莱尼文化遗址中曾发现过坚果和水果核。有些地方还发现了疑似用于研磨野生谷物的石头。和其他许多地区的人类一样，早在农业出现之前，马格达莱尼人就已经把谷物作为其食物来源之一。他们很可能会进行季节性的迁移，并建立营地以开发不同区域的资源。

与美洲大陆的情形类似，在欧亚大陆上，气候变化、人类种群数量的增长以及人类狩猎技术的进步将许多巨型动物置于越来越危险的境地。气候变暖本身不太可能导致巨型动物的大规模灭绝，因为它们曾在之前的间冰期中顺利存活下来。然而，当气候变暖之后，巨型动物在其生存区域内，能够得到的免受人类影响的保护变少。一些曾被马格达莱尼人当作食物的动物，如驯鹿等，在北方幸存下来并在那儿繁衍生息。但随着气候变暖和人类狩猎技术的进步，许多物种走向灭绝。值得注意的是，人类活动对巨型动物数量下降的影响往往因物种而异。例如，导致长毛犀牛灭绝的主要因素可能是气候变化，而并非人类活动。

在逐渐变暖的世界中，狩猎、采集者开发的食物种类越来越广泛。此时，他们尚没有开始向农民转变，采集仍是他们获取食物的主要途径。强有力的证据显示，狩猎、采集者已经开始收集谷物。在近东等地，尽管农业并未出现，但狩猎采集者已经在自己的食物中加入了更多的谷物。他们尤其注意采集豆科植物和野草。从以色列卡梅尔山的基巴拉地区发现的烧焦的种子和水果证明，人类可能早在末次冰盛期之前就已开始采集豆类和水果。而在加利利海附近遗址中发现的种子则说明，人类从末次冰盛期时开始收集野生大麦和野生小麦等禾本科植物。随着末次冰盛期的结束，气候变暖，狩猎、采集者更加专注于谷物的采集。

末次冰盛期之后，发源于近东的纳图夫文化显示出在全球变暖之中，人类饮食的多样性发展。纳图夫人除了猎杀瞪羚等动物之外，还采集谷物及其他植物。他们发明了用于食物采集和加工的工具，如镰刀、研钵等。在纳图夫人出现之前，当地狩猎采集者采用季节性策略，在一年中根据特定的时间，选择特点的地点来建立营地，以提高食物采集的效率。与这些人不同，纳图夫人用石头做地基，建造了规模可观的永久性村落，其遗址横跨地中海东部的黎凡特地区，在以色列、巴勒斯坦、约旦、黎巴嫩和叙利亚境内都有发现。到了纳图夫文化晚期，他们的遗址最北一直延伸到土耳其南部。纳图夫人似乎更喜欢在林地里建造自己的村庄。他们使用各种各样的石制工具和骨制工具，还会用贝壳等材料制作珠宝等装饰品。

在中国，狩猎、采集者同样也采集野草。在末次冰盛期时，他们可能就已经开始采集块茎植物和草类，作为资源匮乏时期食物来源的补充。末次冰盛期时，海平面较低，沿海平原逐步扩张。而随着气候变暖，这些地区又逐渐被淹没，狩猎、采集者失去了这片极度适合觅食的土地。与此同时，北方渐渐变得易于开发。遗传分析表明，人类此后开始向北扩散。

·· 新仙女木事件 ··

末次冰盛期结果之后，地球气候呈现出总体变暖的趋势，然而，在这一过程中，人类经历了一次范围广泛的气候突变——新仙女木事件。新仙女木事件得名于生长在北极地区的仙女木花。当时，气温骤降，打破了冰消期气温回升的总趋势，地球犹如回到了冰川期一般。而仙女木花恰在此时在欧洲绽放。在 1.29 万至 1.16 万年前之间，北半球气温突降，在几十年内温度骤减了多达 10℃。关于新仙女木事件的成因，目前被普遍接受的一种解释是：冰消期时，气候变暖，冰川融化，大量淡水注入北大西洋之中，减缓了大西洋经向翻转环流（AMOC），引发了新仙女木事件。融化的冰水通过几条不同的途径汇入洋流之中。其中一条，最初向南流入墨西哥湾，然后分成两支，一支向东经由圣劳伦斯河汇入北大西洋；另一支向北流经加拿大西北部，由麦肯齐河进入北极。流入北极的这一支融水在注入北大西洋后降低了海水的盐度，导致表层海水的密度下降，无法下沉形成北大西洋深水。大西洋经向翻转环流减速，减少了向北极地区的热量输送，从而引起气温骤降。除此之外，另外一种假说认为，一个或多个外星物体在劳伦泰德冰原上发生了撞击或爆炸，从而引发了融水流动。目前，尚无有力证据可以支持这一假说。

新仙女木事件的影响波及全球各个角落。北半球高纬度地区的降温最为明显，降幅高达 10℃。欧洲大陆降温幅度较小，大约在 3℃ ~ 4℃。南半球气温略有升高。温度的变化，导致热带辐合带（ITCZ）及受其影响的热带雨带发生移动。随着北半球的气温下降，热带辐合带向南移动，导致北半球尤其是非洲和亚洲的部分地区夏季风减弱，气候相对干燥。

新仙女木事件迫使人类迅速采取行动来应对寒冷干燥的气候。我们来作一个简单却具有指导意义的比较：如果当前气温下降3℃，现代社会将作何反应？有充分的证据表明，总体而言，随着时间的推移，现代社会对气候变化的复原力越来越强，但面对像新仙女木事件这样如此剧烈的气候变化，人类却缺乏经验，至少在受影响最严重的欧洲等地的确如此。

至今，我们依然难以精确地还原出当时的人类所作出的反应。这主要是缘于两个与实际气温不相关的原因：首先，尽管许多地区史前社会的考古学证据可以追溯到新仙女木时期，但这些证据过于零碎，并不能详细地提供新仙女木事件发生之前和发生期间的物质文化记录。其次，新仙女木事件并非当时影响社会的唯一因素。

曾在北美大陆的大部分地区迅速传播的克洛维斯文化，在新仙女木时期走向了终结。克洛维斯人在北美东部开辟自己的疆域。1.29万年前左右，他们制作的凹槽枪头变得更加多样，这表明随着定居点的分散，克洛维斯人在技术方面的统一性开始瓦解。在新仙女木时期，技术的多样性发展成为常态。气候变化带来的压力和巨型动物的灭绝，促使克洛维斯人加快了探索新食物的步伐。在这些新食物中，植物占了很大比例。新仙女木事件带来的破坏十分严重，克洛维斯人不得不舍弃一部分定居点，人口也开始减少。在新仙女木事件之前，今美国东南部地区的人口总数正处于上升阶段。对凹槽枪头及其他克洛维斯文化相关方面的考察显示，在

1.32 万至 1.28 万年前，克洛维斯人的人口数量处于增长之中，但从 1.28 万年前开始，直到 1.19 万年前，人口数量呈下降趋势，在那之后又再次上升。如果克洛维斯文化真的是因气温骤降而衰落的话，这种人口起伏的趋势恰与气候变化吻合。即便如此，也不能排除其他因素的作用。文物年代测定结果的微小变化，都会改变对克洛维斯文化与新仙女木事件之间关系的认识。在北美其他更广阔的地域里，人类的定居点没有因为新仙女木事件而遭到毁灭。狩猎、采集者具有很强的机动性，他们依然能够继续获得食物。

在欧洲，新仙女木事件对北方的影响最为显著。英国境内的人类遗迹或与人类活动有关的动物遗迹明显变少。事实上，在英国并没有发现新仙女木时期的人类遗骸，但出土的一些手工制品已被确认为这一时期所有。总体而言，在新仙女木事件之前的气候回暖期中，欧洲大部分地区的人口数量都处于增长之中。

人类该如何应对新仙女木时期的降温趋势呢？气候变化对人类在资源收集方面的影响存在着两种可能性：气温骤降可能会进一步巩固久经考验的狩猎采集策略，人类在末次冰盛期时依靠的正是这一策略；或者，在经过一段时间的人口增长后，人类已经能够采取另一种新的方式来获取包括植物在内的更丰富的食物。

为了弄清人类对新仙女木事件的反应模式，研究者对生活在中东地区的纳图夫人进行了深入的研究。有关近东地区新仙女木事件的研究，已得到了至少两种应对危机的可能方案。经过一段时间的人口增长，处于寒冷气候中的纳图夫人需要养活更多的人口。一种观点是，纳图夫人对新仙女木事件的反应并不一致。一部分人为了应对更加寒冷干燥的环境，增加了流动性，更加频繁地进行狩猎和采集活动，这使得能够保留下来的考古遗迹更少。他们在加强狩猎和采集的同时，可能也扩大了食物供给的来源。在社会快速发展时期，气候突变会促使狩猎采集者开展耕种，以维持他们所建立的复杂社区。由于寒冷和干燥减少了野生植物（如野生扁豆）的供应，纳图夫人开始收集并种植谷物，以维持其定居点的生计，保护他们的文化和社会。支持分裂 – 反应观点的科学家称，来自叙利亚北部幼发拉底河流域阿布胡雷拉地区的证据表明，由于新仙女木事件导致了作为主食的野生作物的减少，狩猎、采集者开始种植农作物。可能早在 1.3 万年前，人类就已经开始种植黑麦了。

另一种观点认为，人类对新仙女事件的反应并没有那么激烈，和其他地区一样，近东地区的人类社会继续通过狩猎采集活动来维持生存。支持者认为，这些种子并不能被认为是纳图夫人早期耕种的证据，它们只是那些被当作燃料的动物粪便中的残留物。他们还认为，纳图夫人通过重新平衡食物供给来应对新仙女木时期的降温。这不禁使我们联想到另外一个问题：如果新仙女木事件在几千年后出现，结果会如何？在绝大多数人口的生计依赖于农耕的情况下，人类要如何应对诸如新仙女木事件这样的危机呢？

· · 农耕 · ·

新仙女木事件结束之后，深海环流恢复，温度迅速回升。热带辐合带以及与之相关联的热带雨带再次向北移动。随着气候变暖，黎凡特地区的农业得到了发展。新仙女木事件之后出现的前陶器新石器时代遗址，是农耕发展的有力的证据，从那里发现了不同种类的种子和用于贮藏的谷仓。当时，野生黑麦十分充足，随着全新世时期气候的回暖，人们对黑麦的利用越来越广泛。

也许并没有必要去确定，农耕的兴起究竟是源于人类对新仙女木事件气候变冷的反应，还是对全新世变暖的适应。那时，农耕已出现在包括中东在内的多个地区。对于人口开始增长的狩猎采集者来说，新仙女木事件有助于推动耕种的开展，但同样它也对在内陆纬度较高的寒冷地区种植谷物带来了障碍。虽然至今仍没能弄清楚，人类驯化作物的确切速度和具体时间，但在新月沃土一带的许多遗址中都发现了人类早期耕作的证据。黑麦、大麦、单粒小麦和豆类等各种谷物

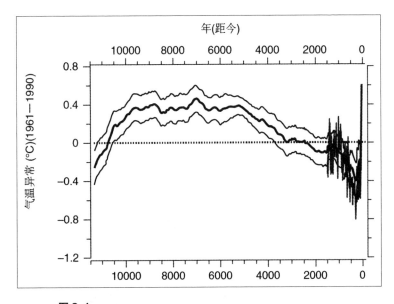

图2.1
全新世时期的气温变化

在该地区均有发现。随着时间的推移，每个遗址中所种植的农作物的种类都在增加。

全新世前期和中期的气候变化也激发了中国农耕的发展和农业的出现。与新月沃土的情况相同，中国的狩猎采集者在驯化谷物之前主要依靠采集的方式来维持生计。从末次冰盛期开始，生活在这里的人类就能够制造陶瓷和磨石。在更新世晚期时，他们仍依靠四处觅食为生。许多动物包括鹿、羚羊和野猪等都是他们的食物来源。考古发掘表明，他们通常只是暂住在某一地区，栖息地频繁地发生转移。在农耕出现之前的几千年里，各种野菜就已经是他们的食物来源之一，还能使用磨石对其进行处理。新仙女木事件带来的寒冷气候迫使人类必须获得更多易于储存的食物，耕种的必要性由此体现了出来。全新世温暖潮湿的气候推动了谷物种植在中国的出现，也有可能在原先的基础上，进一步促进了耕种的发展。

远古人类祖先和早期人类以狩猎采集的方式生存几十万年，随后，人类向农业的过渡却相对较快。在全新世，不同地区的人类开始逐一种植家养作物。在其后的几千年中，一部分人类继续以狩猎采集为生，但他们在人类总人口中的比例不断下降。到 20 世纪早期，只有极少数人还依然保持着这种生活方式。

从狩猎采集到农耕，如此大规模的变化，不能简单地归因于某一个因素。现有研究已经对动植物驯养的发展提出了多种解释：一种模型认为，气候变化对耕种条件产生了有利影响；另一种则认为，人口增长导致了向农业的转变。气候的变化使得农业发展更加顺畅，进而促进了人口的增长；而另一方面，人口的突增又加剧了食物的刚需。事实上，在全新世开始之前，人口数量已经在上升。例如，基因分析表明东亚地区的人口增长大约始于 1.3 万年前。

　　促进耕种发展和农业兴起的因素还包括人类文化和行为的改变。人类在广泛驯养动植物之前，已有了长期与野生作物、动物打交道的经验，可供借鉴。此外，在全新世有利的气候条件下，向农耕的转变并非发生在旦夕之间。要想培育出谷粒大、不易掉落，种子也不易损坏或随风飘散的品种，可能需要1000 ~ 2000 年的时间。今天，我们会简单地以为，像小麦这样的谷物在收获前基本是完好无损的，但野生品种却并非如此： 如果谷物随风飘散，农民和农作物消费者肯定要遭殃。

　　这些解释并不相互排斥。全新世早期，气候温暖，人口增长仍在持续。全新世时期，气候更加趋于温暖和稳定，为向新石器时代的重大转变创造了有利条件。大约于 1.2 万年前，在新月沃土中孕育而生的新石器时代，依然保留着人类觅食的行为，狩猎采集者也并没有消失。但它却开启了一个决定性的转变，家养动植物成为主流。然而，气候变化并不会促使人们突然转向农业。不同地点的区域条件决定当地农业出现的时间。

　　无论何种历史研究流派，都把亚洲西南部即近东地区，视为农业独立兴起的关键地区。几千年来，农业已在整个区域普及。早期农民种植的农作物种包括大麦、双粒小麦（法老小麦）、干豆（可食用的种子，如豌豆、菜豆等）和小麦等。

这时的农民已经开始选种植的作物种类，他们可能会减少甚至完全放弃一些作物的种植，这其中就包括黑麦。

在中国，农业也同样独立出现并发展起来。中国的早期农民实现对了对粟类和水稻的驯化。目前，水稻被驯化的确切时间仍不能确定。早在 1.1 万年前的新石器时代，栖息在中国北方和南方的人类就开始采集野生水稻。和近东地区的情况一样，水稻驯化的速度仍然存在争议，部分原因是由于尚不能确定米粒的大小在多大程度上可以帮助追踪驯化速度。一种观点认为驯化发生的时间较早，且速度较快，如水稻的驯化在 9000 年至 8400 年前可能就已经开始了。位于长江中游支流的八里港新石器时代遗址中，发现了颗粒完整的水稻，可追溯至约 8700 年前（约公元前 6700 年），但谷粒的大小仍比人工种植的要小。而另一种观点认为，驯化的过程十分缓慢，狩猎采集者在驯化水稻的过程中，同时也采集各种野生植物（如荸荠等），也没有停止狩猎和捕鱼。总体而言，全新世有利于水稻的种植，但随着海平面的上升，土壤盐度升高，地势较低的区域不再适合水稻的采集和种植。水位的上涨对长江下游三角洲地区的影响尤为严重。

全新世期间，美洲大陆上的植物驯化也在独立进行。可能早在 1 万年前，远在南美洲北部的地区，就已经开始了南瓜属植物（包括今天我们食用的南瓜等蔬菜）的培育。大约于 9000 年前，南瓜最终在墨西哥南部的巴尔萨斯河谷中被成功种植。玉米在中美洲被驯化。很长一段时间以来，科学家们一直无法确定玉米是从何种植物进化而来，但现有证据可以有力地证明，玉米实际上起源于一种被称为类蜀黍的野生植物，常见于中美洲和墨西哥的部分地区。基因分析表明，玉米最早于 9000 年前或更早，出现在墨西哥南部的巴尔萨斯河谷。当时的居民们对那里的地形进行了改造，他们砍伐树木、焚毁森林，将其变为适合耕种的农田。在这一地区发现的用来研磨玉米的石器具有 8700 多年的历史。这些工具上仍然留有玉米的残渣。玉米种植的面积不断扩大，到了 7000 年前，尤卡坦半岛上的农民也开始了玉米的种植。

美洲许多地方的居民都有成功驯化作物的经历。在南美洲，马铃薯在安第斯山脉被驯化。值得注意的是，这些生活在陡峭高地上的早期农民，成功地找到了可以食用本身含有大量毒素的作物的方法。家养土豆的原型极有可能生长于安第斯山脉中部，如位于玻利维亚和秘鲁之间海拔超过 3657米的喀喀湖地区。马铃薯被驯化的时间大约在 1 万至 7000年前，甚至有可能更早。在前哥伦比亚时代，马铃薯的分布沿着安第斯山脉向南北蔓延。位于秘鲁扎纳山谷的早期农庄，那里的居民在 8000 年前就已开始食用南瓜属植物了。

从 5000 年前开始，复杂社会在南美洲西海岸，诸如阿斯波遗址等地发展起来。那里是苏珀河流入秘鲁北部海洋的地方。另一个复杂社会遗址，筑有金字塔，存在于内陆地区的卡拉尔。居民们依靠鱼、树上的果实以及其他植物来维持生计。多年来，研究者一直试图弄清楚他们是否曾种植过玉米。玉米在阿斯波遗址中虽不多见，但在内陆地区却数量众多，十分密集，这明显是人为种植的结果。

在南美洲，人们沿着安第斯山脉开垦梯田，进行耕种，利用灌溉系统来蓄水和引水。秘鲁和玻利维亚的居民开发出了控水和储水的策略。位于秘鲁境内安第斯山脉中的查文·德·万塔尔遗址（公元前 900—前 200 年），利用一套运河系统为其祭拜中心进行排水。

分布在北美东部的民族也开始种植各种作物。他们的主食与中美洲地区的居民基本相同。玉米和几种南瓜属作物在中美洲种植后也逐渐传到了北美地区。其他作物则可能起源于北美当地。有证据表明，在玉米和其他一些农作物从中美洲传入之前，北美东部的人们就已经开始种植向日葵和某些西葫芦品种。而另外一种之前曾种植的藜科植物，后来被放弃了。

几个世纪之后，欧洲移民来到美洲，与当地的土著居民相遇。此时，当地种植的作物既有原产于北美东部的种类，也有后从中美洲传入的。在詹姆斯敦，英国移民遇到波瓦坦印第安人，他们种植南瓜、玉米、豆类和向日葵。而在马萨诸塞州，清教徒们发现他们的新邻居们竟然种植了玉米，这使他们大为受益。

全新世期间，非洲的居民也开始从事游牧和耕作。目前，研究者们仍在调查，非洲土著民族饲养的牛究竟是在本地驯化的，还是从别处引进而来。在撒哈拉以南的萨赫勒草原或稀树草原，牧民在8000年甚至1万年前已开始饲养家牛。基因分析表明，非洲饲养的家牛最初可能来自新月沃土，而后向传入西部和南部。

非洲是又一个既有本土作物，又有外部引进作物的复杂区域。和其他地区一样，狩猎、采集者起初采集野草，后来转向农耕，驯化了包括黍米和高粱在内的许多作物。这一过程早在4000年前甚至更早就已经开始。但确切时间很难确认，因为在早期，野生作物和家养作物之间缺乏明确的界限。可以证实，对生活在热带稀树草原以南的人们来说含有地下根或球茎的块茎作物，如山药等，是一种重要的家养作物。生活在新几内亚的民族也种植农作物，包括芋头、某种带有淀粉根茎的植物和香蕉等。考古证据显示，早在近7000年前，人们就已经在新几内亚高地上种植芋头，而向这种种植行为的过渡可能早在1万年前就已经开始了。至于芋头究竟是由新几内亚人在当地驯化的，还是从其他地区传入的，目前仍不确定。

狩猎、采集者和农民二者身份的简单区分，并不能完全涵盖人类改造和重塑地表景观的全部方式。例如，在澳大利亚，人类虽然没有开展农耕，但他们利用火来控制食草动物以及植物的供应。澳大利亚原住民也从事简单的水产养殖。大约 6000 年前，在澳大利亚南部埃克尔斯山遗址附近的布吉必姆，人类使用陷阱来捕捞鳗鱼。

不同种类的动植物在驯化时间上的差异，既说明了气候的重要性，也说明了不同区域人类适应农业和畜牧业发展的能力。在近东、中国、中美洲、安第斯山脉、新几内亚等地，农业产生的条件各异：驯化并不需要在同一环境中进行。事实证明，从马铃薯到小麦，人类能够利用和驯化的作物十分广泛。

然而，从更宽泛的角度来看，全新世时期的气候条件促进了耕种和驯化的推广。我们相信，数万年来智人或多或少地拥有一部分我们今人所拥有的聪明才智，但农业的扩展只发生在全新世期间那一段几万年来未曾出现过的气候稳定期。只需回顾末次冰盛期的地表景观就会发现，人类善于在不同地区寻找资源，但即便如此，末次冰盛期时的草原和苔原地带不可能像全新世时期温和湿润的广大地区那样为集约农业的发展提供支持。

·· 农业的传播 ··

全新世时，农业和畜牧业开始从长江黄河流域、黎凡特、墨西哥、西非和新几内亚等多个早期中心向外扩散。农民迁移到别处定居，农业便跟着他们扩散开来；有时生活在农民定居点附近的人口也会自发开展农耕。在第一种情况下，农民要么是采取和平迁移的方式，要么是通过征服，进入到原来狩猎采集者居住的区域。而第二种情形，则是由耕作技术和方法逐渐传播到狩猎采集者之间所引起的。考古发现、人类语言研究以及最近的基因分析结果都证实了这一过程。遗传数据显示，人口流动对影响农业传播的影响主要通过两种方式来实现：迁徙和文化扩散。

以欧洲为例，目前的研究已经鉴别出了在全新世早期可能发生的几次人类迁徙。遗传分析表明，中欧和地中海地区的早期农民与亚洲西南部的族群之间存在联系。在很长一段时间里，生活在中欧和北欧的农耕人口和狩猎采集者之间曾发生过显著的相互作用。一项来自瑞典的调查结果显示，早在 5000 年前就有一些来自南欧的移民进入当地。基因分析还表明，食用乳制品的人群向北部和西部扩散，进入欧洲。基因突变使得部分成年人具有了消化牛奶的能力，这为他们带来了优势，因为乳糖耐受的人群可依赖的食物来源更加丰富。大约在 8000 年前，这部分人群开始向北面和西面迁徙。

农业也在美洲各地传播开来。考古发现表明，亚马逊地区的人类定居点在 1.05 万年前出现增长。出土的古器物也显示出，在此期间区域多样性的日益增加。从 4000 年前开始，人类在亚马逊流域建立村庄，种植作物，开始有意识地发展农业。

全新世时期，农业的传播导致了人口的快速增长。人口增长在新石器时代之前就已经出现，在全新世期间开始加速，其中的原因是多方面的。第一个最明显的原因是：食物产量增加。食物供应会影响母体怀孕和分娩的频率。与农业社会相比，在狩猎采集时代，母亲用母乳喂养孩子的时间更长，往往要等到3岁时才给孩子断奶。这使得生育的间隔加长，从而抑制了人口的增长率。相反，在农业社会中，婴儿断奶的时间更早，人口增长率得到提高。

从世界范围内来看，尽管出现过一些暂时的倒退，但总体而言，动植物的驯化还是导致了人口的增长。在欧洲向农业转变的过程中，人口出现了快速增长。非洲人口自4600年前起开始激增。随着说班图语的族群的迁移，农业可能在非洲传播开来。在东南亚，农业与人口增长之间也存在类似模式。总的来说，从新石器时代开始到大约5000年前，世界人口从400万～600万增加到1400万（人们对这一数字的估计并不一致）。

一旦转向农业，人类就很难再回归到过去狩猎、采集的生活方式。农民对地面景观的改造，使其不再适宜开展狩猎、采集活动。农民们投入了大量的资本、劳力和时间来开垦土地，种植庄稼，饲养牲畜。人口增长之快根本无法依靠狩猎、采集的方式来养活。就人口密度而言，与狩猎采集型社会（尽管他们的人口密度不尽相同）相比，以农业为主要能量来源的社会要高得多。因此，农业创造了人类突破以往人口水平限制的可能性。与此同时，农民们对维持目前生活方式的气候条件的依赖性越来越强。对于狩猎采集者而言，原则上，只要保持住低水平的人口密度，就可以迁移到新的地区。而农业人口不同，他们不可能在没有遭受到大规模破坏和危险的情况下发生集体迁徙。依赖农业的大量人口，在像新仙女木事件这样的气候突变中所遭受的破坏，要远远多于那些流动性强且规模又小的狩猎采集者。这小部分人具有丰富的经验，善于在变化多端的生态环境中获得食物。

全新世期间人口总数的增长并不代表着所有农业区的人口都保持持续增长。例如，来自前陶器新石器时代的证据显示，黎凡特地区在农业出现之后，人口数量发生了波动。在大约 1.05 万年前开始的前陶器新石器时代的第一个阶段，美索不达米亚和黎凡特地区的农业村落的规模和数量都有所增加。村落分布的区域面积远大于纳图夫人时代。但在大约 8900 至 8600 年前，人类的定居点减少了。其中的原因多种多样，可能包括人口向西部或北部的迁移、战争、社区规模的扩大为疾病的传播提供了更多宿主、降温趋势、更加干旱的气候条件，或这些因素的综合作用。在这段时间中，出现了气温骤降，史称 8.2k 事件，或简称为 8k 事件。

·· 8.2k 事件 ··

从某种意义上说，8.2k 气候事件与新仙女木事件十分相似，都打断了气候变暖和降水量增加的趋势。但 8.2k 事件的降温幅度比新仙女木事件估计的降温幅度要小。格陵兰岛上的冰芯显示温度下降了 6℃左右，而整个欧洲的平均气温下降约 1℃。通过对冰芯的调查还发现，降温持续了大约 150 年。冰川在巴芬岛上蔓延。

在气候相对稳定的全新世，8.2k 事件是自新仙女木事件以来最剧烈的气候波动之一。8.2k 事件的地理表现与新仙女木事件相似，最低气温出现在大西洋东北部地区，非洲和亚洲气候干燥。然而，与新仙女木事件不同的是，几乎没有证据表明南半球出现过变暖的迹象。和我们在新仙女木事件中看到的一样，大量淡水涌入北大西洋，减缓了深海环流。在 8.2k 事件中，巨大的冰缘湖——阿加西湖，通过哈德逊湾流入大西洋。8.2k 事件发生在复杂文明出现之前，因此，没有发现任何与大城市崩溃有关的考古证据。在极端情况下，8.2 k 事件可能导致新石器时代社会的崩溃或迁移，但反过来看，也凸显了新石器时代人类适应气候变化的能力。例如，在叙利亚北部的一座遗址，考古记录显示了在 8.2k 事件发生前后的许多变化，包括纺织品产量增加、弃猪养牛等。这一降温事件可能阻碍了新石器时代向欧洲内陆的进一步发展。

8.2k 事件并没有导致人类社会的永久性崩溃。在近东及其他一些地区，人类社会继续发展，并步入了一个新的阶段，史称陶器时代。一种观点认为，8.2k 事件导致原先西亚的居民向巴尔干半岛移民，但近东的农业村庄经证明具有良好的复原力。当然，要找到被遗弃的遗址是完全有可能的，但它们却并不处于受 8.2k 事件影响最严重的地区。8.2k 事件的影响也可能会因地而异，一项以人类活动证据为代用指标，在苏格兰地区开展的研究发现，当地人口数量出现了急剧下降。

·· "绿色撒哈拉"的终结 ··

全新世时期，在今撒哈拉沙漠及南部邻近地区的非洲大部分土地上，气候波动对人类获取和生产粮食的战略起到了重要的作用。在北非，从更新世晚期到全新世早期的这段时间被后世称为非洲湿润期，是距今最近的一次"绿色撒哈拉"时期。今天，撒哈拉沙漠是世界上最大的热带沙漠。令人难以置信的是，在大约 1.2 万至 5500 年前，撒哈拉地区却遍布植被和湖泊。古湖床沉积物显示，那时的湖泊水位远高于现在。人类活动引发的气候变化，使湖泊面积萎缩。如今乍得湖的规模仅是其古时候的一小部分。历史上的乍得湖，远远超过其今天的边界。丰富的水资源曾供养了大量的人口及动物，这些动物在今天撒哈拉的大部分地区，要么属于稀缺物种，要么已经完全灭绝。沙漠中，裸露岩石上的雕刻描绘出一派与今日完全不同的景象。人们游泳、对大型动物展开狩猎，这儿有成群的牲畜，还有包括河马和鳄鱼在内的各种野生动物。在绿色撒哈拉时期，鳄鱼就生活在那些现今已经失落的沙漠湖泊中。今天，这些鳄鱼大部分已经灭绝，只在北非毛里塔尼亚的洞穴中以及季节性湿润地区附近发现了一小部分残存的种群。

非洲湿润期的形成是源于地球轨道变化引起的季风强度增加。从岁差周期来看，大约 1.1 万年前，北半球的夏季恰逢地球运行到近日点附近。结果，夏季太阳辐射增加了约8%。低纬度地区，由于缺乏大片冰原来中和日晒的增加，受到的影响尤其明显。夏季日晒的增加，扩大了大片陆地与其周围海洋之间的温差，导致热带辐合带北移，夏季风增强。在这段时间里，季风降水增加了约 50%。

在非洲湿润期，撒哈拉地区的人口开始增长。撒哈拉东部出现了人类定居点。狩猎采集者甚至还有部分牧民都在这一地区安家落户。尽管各区域的人口增长速度并不相同，但人口总量增长迅速。人类社区沿湖泊分布，如位于尼日尔格伯托古湖（现已消失）。公元前 7700—前 6200 年，生活在格伯托的狩猎采集者在撒哈拉建造了目前已知的第一块墓地。非洲湿润期同样也改善了东非的狩猎条件。撒哈拉地区的人口时有波动。例如，在公元前6200—前5200年之间大约1000年的时间里，格伯托古湖泊遗址就遭到了遗弃。尽管如此，人口数量的急剧下降直到5000年前左右，非洲湿润期结束时才开始出现。格伯托古湖区域在公元前2500年之前已有了关于丧葬的记录。

受岁差变化影响，太阳辐射量减少，非洲湿润期结束，这给人类种群带来了重大挑战。随着古湖泊的干涸，许多个体的活动变得更加有机动性。其中一部分离开撒哈拉沙漠，从南部或东部进入尼罗河谷。在法老统治埃及之前，尼罗河沿岸就已经聚集了大量的人口。

另一些人则加紧利用最有利的机会。干旱迅速扩大，使人类有理由更加全面地开发获取食物的新策略。不断加剧的干旱，会威胁到当地作物的驯化，但也有可能对农业进步起到促进作用。由于通过狩猎采集获得的食物有限，依靠家养动物的好处显示了出来。岩石上的图像以及陶器上残留的乳脂表明，在公元前5000年时北非地区已经拥有了家牛。尽管那时的人们有乳糖不耐症，但他们还是对牛奶进行了加工，有可能转化成了黄油、奶酪或酸奶的形式，再进行食用。大约5500年前，在位于埃及西南部高原的瓦迪巴克特，一次剧烈的气候变化将那里的居民变成了游牧民族，直到

4500 年前，最后一次干旱来临，人类才彻底离开这一地区。

气候干燥的趋势对人口的分散与集中似乎都有影响。在西非，气候趋于干旱的总体趋势可能引起了尼日尔地区人口的聚集，并对城市的崛起起到了促进作用，权力也随之变得集中。

气候变化可能影响了班图人进行大规模迁徙的路线和时间。他们的迁徙改变了非洲大部分地区的人口分布。今天，使用班图语的民族在中非和南非的总人口中占绝大多数。基因分析表明，在距今约 5600 至 5000 年前，班图人开始从非洲西部和中部向外迁移。在 3000 至 2000 年前，随着干旱的发展，非洲中部的森林面积缩小，为班图农民向南迁移提供了便利。新移民最有可能首先迁移到森林的边缘，然后再深入森林地带。他们建造村庄，使用陶器，似乎已经开始从事一些简单的农业。在这一地区，珍珠黍的种植可以追溯到公元前 400—前 200 年之间。建立在大量班图语分析基础上的模型表明，班图人追逐着新形成的稀树草原。这些稀树草原的出现隔断了雨林。大约 4000 年前，班图人只是沿着稀树草原的边缘分布，到了 2500 年前，他们逐渐进入到僧伽河附近等中心区域。相反，热带雨林地区则减缓了人类迁徙的步伐。

早在 2500 年前，班图人就开始使用铁器。除了气候以外，冶铁对木炭的需求，也是影响森林构成的一个可能因素。

干燥的气候条件创造了达荷美峡——一处将西非雨林从中分开的热带稀树草原。油棕榈树在其中生长蔓延。在喀麦隆的奥萨湖，人类收集木材并将其用于冶铁可能会有助于森林冠层的减少。然而，即使没有人类活动的干预，2500年前左右，全新世时期森林的整体衰退也会为油棕榈树在中非的蔓延提供有利条件。区域气候变化导致非洲中部景观从常青树转变为稀树草原。此时恰逢班图人的迁徙，人类活动也会增加风化作用。在东非，降水和人类活动对植被的相对影响同样难以确定。对坦桑尼亚马塞科湖岩心分析的结果，显示出木炭燃烧的影响，这表明班图人曾在东非地区开垦土地，推广农业。

·· 复杂社会 ··

全新世时期，农业的扩张使文明的出现成为可能，尽管各地区文明形成的时间有所差异。在狩猎采集仍是人类主要谋生手段的时期，最早能够被冠以"文明"之名的社会就已经诞生。无论是更加温暖、稳定的气候条件，还是农业的发展程度，都使得文明不可能按照设定好的时间表出现。然而，在全新世期间，各种文明不断涌现，且具有许多共同的特点。它们的社会复杂性日益增加，政治组织或政府也愈发复杂，社区和城市的规模更大，有些甚至还拥有精心设计的仪式场所。统治精英和宗教领袖建造了宫殿、庙宇和纪念碑。这些文明的贸易和通讯网络更加发达，其中一些甚至还发展出了书写。

人类文明最早诞生于5000多年前的美索不达米亚，紧随其后的是埃及文明。这一时期被称为青铜时代，人们使用青铜来制造工具和武器等。世界上其他地区也出现了独立的文明，如公元前2000年的中国以及公元前1000年的中美洲和南美洲。不管在哪一种文明中，全新世稳定的温暖期都对作物种植和人口增长起到了促进作用，这二者是文明的重要基石，文明的发展有赖于它们产出的盈余。

以发源于美索不达米亚地区的第一个人类文明为例，农业随着农耕村庄的扩散而推广开来。尽管波斯湾一带海平面的上升淹没了沿海地区，但总体而言，气候条件有利于农业的发展。公元前5800年左右，当时较大的人类定居点，如美索不达米亚北部的哈苏纳遗址可以养活多达500人。这一时代出现了专门用于宗教活动的建筑。而幼发拉底河流域的泰尔扎伊丹社区，形成于公元前4000年左右，也显示出越来越多的社会政治复杂性。那里不仅有寺庙，还有一些精英文化的标志，如印章或者其他一些用来标记财产的物件。

公元前4000年，大型城市在美索不达米亚地区发展起来。乌鲁克城，最初出现于约公元前 4200 年，在公元前 3500 年左右成为苏美尔文明的中心。乌鲁克的人口从大约 1 万人增加到多达 5 万人。城市中拥有一座大型宗教寺庙。乌鲁克建立了自己的殖民地，其殖民网络一直维持到公元前 3100 年左右。尽管乌鲁克的发展遭遇到了挫折，但这种新的城市模式却在美索不达米亚地区遍地开花，30 多个城市中心拔地而起。

埃及文明的诞生过程与其他文明大致相同。在公元前 5500—前 5000 年左右，尼罗河沿岸出现了一些村庄。到公元前 4000 年晚期，发展为城镇。与美索不达米亚一样，埃及也拥有宏伟壮观的宗教仪式场所，尽管它的城市数量较少。但与美索不达米亚不同的是，埃及在公元前 3100 年在法老的统治下走向统一，而美索不达米亚的早期城市始终以独立城邦的形式存在。

气候和文明之间的联系是复杂的。文明对与农业生产相适宜的气候条件具有极大的依赖性，但同时在面对气候波动时，又显示出了越来越强的复原力。尽管地中海东部出现了大范围的干旱趋势，但埃及和美索不达米亚已然繁荣昌盛。南亚和东亚地区同样也孕育出了人类文明。在南亚，文明首先诞生于今印度河沿岸的巴基斯坦地区。摩亨佐达罗和哈拉帕等大型城市遗址的历史可以追溯到公元前 2500 年。在中国，新石器时代的人类定居点分布在几个不同区域，主要以黄河和长江沿岸为主。中国的早期王朝都出现在黄河以北地区，在公元前 2000 年前后尤为集中。在商朝的统治下，已出现许多农业村庄、城镇和城市。

出现在全新世中期的温暖期，一般被认为是全新世气候的最佳时期，促进了新兴文明以及那些尚没有发展出复杂政府和社会组织的农业区的发展。任何一种独特的气候趋势，都可对某种特定的生命形式产生积极的影响，如恐龙、有袋狮子、猛犸象等。全新世气候最佳期为农耕文明的发展提供了便利。农业的扩张使人口持续增长，精英阶层因此有条件进行资源开发，来发展与文明相关的宗教和政治场所。大规模收集和储存粮食的能力使文明社会能够抵御歉收带来的风险。《旧约全书》一则关于约瑟夫的故事就是一个贴切的例子。一次，法老梦见干瘪烧焦的谷物，骨瘦如柴的母牛吞食那些饱满的谷物和健康的母牛。他把约瑟夫从监牢里释放出来，命他解梦。约瑟夫对他说，饥荒即将来临。于是，法老命约瑟夫负责筹粮。"约瑟夫储藏起大量粮食，多得如同海沙，无法计量，因此他便停止了记录。" 就这样，埃及度过了严重的饥荒。约瑟夫的谏言和行动在历史上无法得到证实，但它说明了农耕文明必须具有承受粮食短缺的能力。

对近东人口及城市的增长进行分析，结果表明，大约在公元前 2000 年，人类定居模式与气候条件脱钩。这一发现并不能证明人类文明已不再受任何气候冲击的影响，但它显示出人类对气候冲击的复原力正在不断增强。良好的气候条件有利于农业的发展，但即使是在干旱时期，人口的增长也可能会出现。

随着在技术、艺术和建筑方面的进步，以及许多令人印象深刻的建筑物和其他建筑工程的出现，这些在全新世时代农业社会中孕育出的人类文明也产生了负面影响。农业的发展带来了更多的食物，养活了更多的人口，但这并不一定意味着人类健康状况的提高。事实上，农民的健康状况在许多方面甚至还比不上狩猎采集者。例如，平均身高是衡量人口平均健康程度的指标之一，在农业发展起来后，这一指标便直线下降。若以此作为衡量标准，狩猎采集社会的健康程度令人惊叹。考古学上的发现也证明了这一点。在上一个冰河时代末期，希腊和土耳其地区人类的平均身高约为175厘米，但随着农业的普及，这一数字急剧下降，到公元前3000年，人类平均身高降至约160厘米。

文明的发展也孵化出新的疾病。人口数量和密度的提高，使得原本已是强弩之末的一些疾病，又死灰复燃，患者的数量开始增加。全新世期间，农业社会产出的盈余，不仅为金字塔的建造和文字的创立提供了基础，同时也促进了诸如流感、天花和麻疹等疾病的传播。比如，固定人口越多就越有利于结核病的传播。事实也证明了这一点，大约在

6600 年前，一种高度危险的结核病菌株首次在中国出现，而那时长江流域的水稻种植正不断扩大。

全新世时代，农业社会资源的集中，大大增加了高度不平等现象出现的可能。狩猎采集者部落，自然也有自己的领袖，比普通成员享有更强大的权力和特权。但那时的部落规模较小，且具有周期性流动的特点，因而聚敛财富的能力十分有限。相比之下，农业生产提供的盈余，使得大多数文明都见证了强大的世袭精英的崛起。历史上，中国和埃及经历了多个朝代，这正显示出家族势力的强大，它们能够控制和管理从农民生产中获得的大量盈余。

·· 小结 ··

对于气候和人类历史而言，全新世是一个决定性的转变。在过去的数万年里，智人一直生活在剧烈的气候波动之中。随着新仙女木期的结束，气候仍处于变化之中，但波动幅度明显变小。数千年过去了，如今我们已然把相对稳定的气候条件当成了一种常态。

在全新世，人类社会也经历了前所未有的变化。越来越多的狩猎采集者的后代转变为农民。狩猎采集者并不会立即消失，但农民在总人口中的比例却在不断增长，大多数农民都生活在复杂社会中。近期，随着耕种效率和生产力的急剧提高，农业人口的比例下降，但一条不变的基本准则是：家养动植物仍将供养大量的人口，其数量之巨远远超过全新世之前的人口数量。

❸

文明的兴衰

· 4.2k 千旱

· 早期人为干预

· 青铜时代晚期危机

· 最佳气候：罗马

· 最佳气候：汉代中国

· 罗马与汉代中国的衰亡

· 中世纪早期欧洲的气候和景观

· 小结

从几千年的时间尺度上来看，全新世晚期，众多的文明及人类社会在此时兴起、变化，有些又走向衰落。从传统上来看，气候是这些社会的历史背景中未经考证的一部分。因此，在研究全新世社会历史时，历史学家往往从假设开始，这其中就包括对该社会所在区域的气候类型的基本预设。然而，气候历史表明，即使是在全新世晚期，人类社会也可能面临显著的气候波动。

一旦我们不再把气候变化仅仅看作是人类活动的背景，那么就可能会有几种不同的方式将气候变化的历史与人类历史联系起来。其中最谨慎的做法是，只把气候看成影响农业基本条件和日常生活的因素，而非政治或经济变革的主要原因。的确，在气候相对稳定的时期，人类社会繁荣昌盛，可能永远也不会面临来自气候的重大挑战。另一种方法则是将气候视为一种可能导致文明兴衰的因素。这是崩溃研究中最引人注目的一种模式。与此相对的另外一种方法则侧重于人类社会的复原力以及应对和适应气候变化及其他外部变化的方式。

总体而言，全新世时期的人类文明和复杂社会，在面对气候变化时，既表现出了自身的复原力，也表现出了其脆弱的一面。如果文明出现的时间更早，它们很可能在气候变化面前陷入崩溃。例如，道格兰或白令海峡地区的复杂社会最终会被海水淹没。分散的狩猎采集者不会留下水下的亚特兰蒂斯。庞大的人类文明如果出现在受新仙女木事件影响最严重的地区，可能会遭受巨大的损害。全新世没有经历过如此巨大的气候变化，但几个重要的人类文明仍然面临着气候波动的挑战。改变环境和储存资源的能力使人类文明和复杂社会具有一定的复原力，但即使只是些许温和的气候变化，也可能使对稳定的气候条件、水资源供给以及降水具有依赖性的人类文明面临挑战。

·· 4.2k 干旱 ··

在气候学家看来，印度河沿岸文明的命运显示出气候变化对高度发达的社会所造成的破坏。复原后的印度河文明遗址，在许多方面给我们留下了深刻印象。其中最大的两处——摩亨佐达罗遗址和哈拉帕遗址呈现出几何形的布局，还遗留下许多雄伟壮观的大型建筑的基础，这证明了遗址在建造前曾经有过设计和规划，人口规模估计在3.5万～5万。摩亨佐达罗以其水井和排水系统，以及享有"大浴池"之名的大型水塘而闻名。其他遗址中的排水系统、水井、水渠和水坝也同样显示出这一失落的文明对控水和储水的重视。印度河文明也拥有自己的书写形式，尽管到目前为止，我们仍未能完全破解零星手稿残片中的记录。

与美索不达米亚、埃及和中国形成鲜明对比的是，印度河流域的文明后来陷入了沉寂。它出现在公元前2400年左右，晚于美索不达米亚文明和埃及文明。印度河流域大型城市的发达程度，领先于青铜时代顶峰时期的中国文明。然而，公元前1800年左右，印度河文明开始衰落，其最大的定居点在公元前1600年左右被遗弃，远远早于古美索不达米亚文明和古埃及文明。

究竟是什么原因导致了这样一个复杂社会的终结，这个问题引发了研究者的争论。一位在现场进行了大规模发掘的考古学家断言，雅利安人洗劫了这座城市，摧毁了这一文明，遗址中散落的尸体便是雅利安人侵者发动的大屠杀的受害者。这种说法虽然引人注目，但却难以令人信服：形形色

图 3.1

摩亨佐达罗大浴池

资料来源：维基共享资源

色的尸骨并不能证明某个特定的族群进行了屠杀，也不能证明城市走到了尽头。许多骸骨可能之前就被以一种简单的方式埋于地下，而且几乎没有考古学证据能够表明，这座城市在毁灭前曾遭受过大规模的破坏行为。为了取代这一入侵假说，其他历史学家提出了印度河改道的可能。这种起伏变化确实会导致某些印度河流域遗址的衰落，但却无法解释，如此先进的社会为何不沿着新的河道继续发展。最终，后来的考古学研究对印度河文明"立即死亡"的观点提出了异议，认为是当时的定居模式发生了改变，以规模更小的社区为单位向东迁移。在这种情形中，印度河流域的一些民族幸存下来，适应了新的生活方式。农业可能正是以这种方式随着移民的流动而扩散开来，而印度河文明连同其独有的器具和记录一起，走向了灭亡。

在所有可能的原因中，气候变化对印度河文明的破坏似乎是最具决定性的。季风会带来不可缺少的降水。随着季风的移动，文明逐渐消失。大约5000年前（约公元前3050年），强烈的夏季风在这一地区引发了严重的洪水，对人类定居点和规范化农业的发展形成了阻碍。受地球岁差周期的影响，该地区夏季日照量减少，季风强度随之减弱。约4500年前（约公元前2550年）之后，干燥的气候趋势促进了农业发展和复杂社会的兴起。河流变得愈加平静，洪水也不再那么猛烈，这一切为沿河城镇的建造提供了条件。然而，受季风减弱的影响，降水持续减少，对农业生产带来了威胁。对孟加拉湾沉积物进行的化学分析，证实了这一干旱趋势的存在。沉积物中的植被生物标志物显示，在约4000至1700年前（约公元前2050—前250年），能够适应干旱条件的植物越来越多。在1700年前以后，这类植物开始占据主导地位。沉积物中的浮游生物壳，记录下了自约3000年前（约公元前1050年）以来，孟加拉湾海水盐度整体增加的情况，这表明该地区河流流量逐渐减少。人类的过度放牧和滥伐森林，可能加剧了这一问题，导致水资源供应进一步紧张。古病理学或者说对人类遗骸的分析表明，伴随着来自气候的压力，疾病开始增加。从某种意义上说，如果真的有人曾向东迁移，那么恰体现了他们对气候的复原力，但这些移民并没能保留自己的文明。

越来越多的证据表明，气候变化是印度河文明走向终结的主要原因。这给人类历史上了重要的一课。即使社会已经进步到能够控制和引导水资源，也会因干旱而灭亡。尽管印度河流域的居民对降雨的依赖程度大大降低，但如果气候变化足够剧烈，他们仍会变得不堪一击。这个例子提出了一些重要的问题：人类社会能在多大程度上保持对气候变化的复原力和适应力？在什么情况下，人类的应对策略会失败？

印度河文明并不是唯一一个，在 4000 年前左右（约公元前 2050 年）经历过干旱所带来的重大挑战的复杂社会。在全新世总体有利的气候条件下，公元前 2000 年左右，西藏东部和中国西部黄土高原地区的气候变得干燥，可能给处于新石器时代的中国社会带来了破坏。位于中国西北部的苏家湾，森林变成了森林草原，最终退化成草原。干旱似乎已经影响到了新石器时代的农耕社会，一些地区的居民从农耕转向游牧。干旱还严重影响了中国北部内蒙古的浑善达克地区，破坏了那里的以玉石文化闻名于世的新石器时代红山社会。湖泊与河流被沙丘取代。此后的几个世纪里，再也没有发现类似的人工制品或人类定居的证据。

出现在公元前 2000 年左右的气候干燥趋势，并没有严重到足以对所有的复杂社会或文明都产生破坏。在上美索不达米亚地区（今叙利亚），青铜时代早期的一些定居点遭受到了挫折，另一些则经受住了考验。位于今叙利亚北部阿勒颇以东的乌姆埃尔马拉附近的定居点遭到了遗弃，叙利亚东北部靠近幼发拉底河支流哈布尔附近的大部分定居点完全消失，但其他地区的定居点坚持了下来，美索不达米亚文明依然存在。

公元前 3000 年末埃及古王国的陷落也引发了人们的疑问： 对南亚和中国西部的复杂社会造成破坏的干旱趋势是否也曾给古埃及带来类似的压力。古王国见证了一个强大富有、拥有丰富宗教文化的国家的崛起。当人们想到古埃及的巨型建筑时，通常都会联想到古王国时期这一伟大的金字塔时代。埃及历史的后期，留下了许多纪念碑，但位于开罗西南吉萨的巨大金字塔群以及狮身人面像的历史都可以追溯到古王国时期。所有这些都需要设计、规划和劳作方面的技能，都依赖于农业生产所提供的盈余，这就要求必须保证农业用水供给的稳定。从根本上说，整个古埃及先进的社会大厦是以尼罗河流域农民的生产能力为基础的，他们生产出的粮食超过了维持基本生存的需要。

在古王国末期，中央集权统治瓦解，埃及进入了所谓的第一中间期（公元前2160—前2055年）。古王国的标志——巨型纪念碑的建造也停止了下来。在古王国和中王国的间期，内乱和骚动加剧。有关这个时期的文本资料，记录下了来自强盗的危险和频繁的死亡。

传统上，历史学家将第一中间期的出现归因于某些因素，如古王国最后一位法老佩皮二世的长期统治、权力斗争或外部入侵。但强有力的证据表明，河水流量的减少削弱了埃及的国力。埃及中部法尤姆洼地中的湖泊干涸。大量研究表明，地中海东部以及西亚地区在约4200年前（约公元前2250年）左右发生了大面积的干旱。尼罗河流量的最小值与古王国的崩溃恰在同一时间，尼罗河三角洲的地质记录凸显出这一点。在这种情形下，由干旱引发的尼罗河流量的减少助推了国家的崩溃。

在第一中间期，埃及社会各阶层所面临的困境并不相同。在当今世界，气候变化往往对那些没有财富或权势的人打击最大，而精英阶层往往能更好地躲过气候变化所带来的最严重的后果。然而，情况并非总是如此。在埃及，古王国中央政权分裂。供精英阶层享用的奢侈品的产量降低，但这并不意味着种类更广泛的手工制品生产的下降。特别值得一提的是，在最高阶层以下的埃及人的墓葬中，发现的陪葬品的种类更加丰富，包括护身符、念珠等。以此来看，只要平民能在饥荒中保住性命，他们所遭受的实际损失可能不及精英阶层那么严重。

面对发生在公元前 2000 年左右的干旱，古埃及文明表现出了同样的复原力，在第一中间期时并没有走向崩溃。王权模式在中间期得以存续，埃及政权在中王国时期恢复了实力。干旱也许曾削弱过古埃及文明，但并没能摧毁它。然而，在第一中间期出现的文化变化却产生了持久的影响。中王国的法老们虽然依旧拥有极大的权力，但不再仅仅以统治者的身份示人，他们拥有了一个新的形象——牧羊人。标志性的牧羊人弯杖成为了法老的象征之一。

在青铜时代余下的时间里，人类社会和文明在不同的环境中蓬勃发展。全新世时代的农业生产继续为不同地区的人口增长提供保障，为欧亚大陆上的人类文明提供支持。人类文明在美索不达米亚、埃及以及美索不达米亚以北的区域幸存了下来。赫梯帝国控制了安纳托利亚的大部分地区以及叙利亚的部分地区。公元前 13 世纪，赫梯人曾与埃及新王国交战。在青铜时代，爱琴海以及其周围地区也同样开出了文明之花。克里特岛孕育了米诺斯文明，希腊南部大陆上则诞生了迈锡尼文明。在东亚，商朝兴起于约公元前 1600 年，这是中国有记载的第一个朝代。尽管有些关于中国历史的描述中还提到了比它更早的夏朝，但夏朝的存在难以考证。青铜器时代人类的人口总数有所增长。在约 5000 年前，这一数字大约为 1400 万，到约 3000 年前铁器时代来临时，已增加到了 5000 万左右。从那开始，铁取代青铜，成为生产工具和武器的首选金属。

密集的耕种和放牧活动为人口增长提供了必要条件，同时也改变了许多地区的景观和环境。人们对森林的砍伐超出了政权精心设定的范围。农民们先后利用燧石和青铜斧作为砍伐的工具，甚至还会放火烧林。例如，在新石器时代，由于英国农民的砍伐，一片片的森林消失了。到了青铜时代，人类活动已经改变了大片区域的景观。

·· 早期人为干预 ··

全新世时，畜牧业和农业的发展增加了温室气体的排放，但与后世相比，其规模微乎其微。游牧和养殖业的扩大，至少会产生更多的甲烷。在新石器时代和青铜时代，人们清理土地、焚烧树木，带来了二氧化碳排放量增加的可能性。2003 年，威廉·拉迪曼第一次提出了早期人为干预假说。这一假说认为，由于种植业的发展和对土地的使用，人类对气候的干预早在工业革命之前就开始了。目前，研究者已经观测到空气中二氧化碳的含量于 7000 年前开始增加，而甲烷的增加则开始于 5000 年前，这种增长模式在之前的间冰期中并没有出现过。这为早期人为干预假说提供了证据。二氧化碳增加的时间与开垦农业用地的时间相吻合，而甲烷含量的增长又恰与开发水田和牲畜养殖业发展的时间是一致的。虽然早期文明对气候的影响仍无定论，但早期人为干预假说可以为解释古气候学和考古学的记录提供帮助。

·· 青铜时代晚期危机 ··

青铜时代于混乱之中终结，给复杂社会带来了灾难。埃及新王国在公元前 1070 年终结，国家陷入分裂。公元前 1000 年，埃及在经历了集权分解、内战和外邦入侵之后，最终接连落入一系列外邦帝国之手。在安纳托利亚，赫梯帝国在公元前 1160 年灭亡，但赫梯语却幸存了下来。在叙利亚沿海地区，乌加里特城邦于公元前 12 世纪解体。希腊文明则整体走向崩溃。位于克里特岛克诺索斯地区的米诺斯宫殿在青铜时代晚期被遗弃，尽管仍有部分人口滞留其中。青铜时代的文明并没有在希腊大陆上保留下来。迈锡尼文化的宫殿被摧毁，在公元前 1200—前 1100 年间，整个文化最终走向了崩溃。

如此深刻的变化，使得最早期的希腊文明彻底湮灭，只存在于神话之中。成书于铁器时代的《荷马史诗》，回顾了早期的希腊文明，但由于年代过于久远，后来的读者往往

会对这种由口述记录而成的书籍产生质疑，他们甚至怀疑特
洛伊城的真实性，更不用说特洛伊战争了。直到 19 世纪 70
年代，业余考古学家海因里希·施利曼与一位名叫弗兰克·卡
尔弗特的英国领事合作，挖掘出了特洛伊城的遗址，特洛伊
城的存在才得以证实。

随着希腊青铜时代的结束，文明遭受到了极大破坏，书
写的时代结束了。米诺斯文明和迈锡尼文明的文字，即后世
所称的线形文字 A 和线形文字 B，已不再使用。线形文字
A 从未被破译过，而线形文字 B 直到 20 世纪 50 年代才被
破译。在希腊青铜时代文明灭亡 300 年后，以雅典等城邦
闻名于世的希腊文明才重新开始出现。

究竟是什么原因，导致了青铜时代末期，南欧和黎凡
特地区的许多复杂社会遭遇了这一系列的严重挫折？外族入
侵是其中的一种可能。当代埃及文献曾提到过海上民族的袭
击，但没有更多的细节来确定这些海上劫掠者的身份。埃及
法老拉美西斯三世的祭庙——哈布城神殿中的碑文，描述了
埃及对海洋民族的胜利，"那些来自海中岛屿国家的敌人，
他们向埃及挺进，他们的心依赖于他们的武器。网是为他们
预备的，要把他们缠住。他们偷偷地溜进港口，却落入其中。
他们被困在原地，他们被处死，尸体被扒光"。从这段描述
来看，埃及获得了胜利，但它却并没有强调为获得胜利可能
付出的代价。

自然灾害是另一个可能动摇了青铜时代晚期社会的因素。以米诺斯文明为例，公元前 1600 年左右，爱琴海岛环中的锡拉岛（今圣托里尼岛）发生火山爆发。考古学家对其造成的破坏进行了研究。这是人类所经历的威力最大的火山爆发之一，喷发出的沉积物高达 30 米厚。米诺斯文明是否就毁于这样的一场毁灭性的火山爆发呢？人们完全有理由对此进行调查，但即便火山爆发以及由此而引起的海啸对米诺斯文明产生了破坏，它们也不可能立即摧毁米诺斯文明的所有遗址，消灭希腊大陆上的青铜时代文化。

青铜时代向铁器时代的过渡，这本身可能就是导致青铜时代晚期危机的另一个因素。由于铁取代了青铜，缺乏现成铁供应的国家或文明面临着军事上的劣势。无论是因为向铁器时代的转变、外部势力的侵入、内部势力的分裂或是所有这些因素和另外一些因素的综合作用，埃及在公元前的第一个千年里遭受了多次入侵。公元前 8 世纪，位于努比亚南部的库什王国入侵并控制了埃及。公元前 7 世纪，兴起于美索不达米亚北部的强大军事社会亚述再次入侵了这里。到了公元前 6 世纪后期，埃及又落入了波斯人之手。公元前 331 年，埃及被亚历山大大帝征服，最后一个本土王朝的统治终结。公元前 30 年，埃及被罗马占领。尽管这些外部势力对埃及直接统治的程度各不相同，但这个曾经高度独立、持续了 2000 多年的文明，最终沦为了罗马帝国的一个行省。

除了严重的自然灾害、内部问题和外部攻击之外，气候变化也是给青铜时代晚期地中海和黎凡特地区带来压力的另一个可能原因。北半球气温在经历了连续升高之后，在铁器时代早期开始出现降温和干旱趋势，导致了"水文异常"的发生——公元前 1200—前 850 年之间，可供人类使用的水量减少。从尼罗河三角洲的植被记录可以看出，该地区发生了一系列的区域性干旱，如约 4200 年前以及约 3000 年前（分别为约公元前 2250 年、约公元前 1050 年）的两次干旱。这些干旱对该地区的文明产生了影响。

即使没有发生任何灾难性事件，平均降雨量的逐年下降也将会减少食物的供应。这虽不是突发的气候冲击，但却使当地面临的压力增加，这些压力与其他内部和外部因素相互作用，最终削弱了青铜时代晚期地中海和黎凡特地区人类社会的力量。在这种情形中，粮食短缺也可能是促使海洋民族进行侵略的原因，绝望推动着他们通过殖民去获得新的生存方式。从这种观点来看，海洋民族不再是掠夺成性的海盗，而是环境难民。

青铜时代晚期的气候波动并非对所有的文明和社会都产生了破坏。欧洲西北部的人口下降，但在铁器时代早期，降温出现之前，当地的人口总数就已经开始下降。即使这种时间顺序能站得住脚，也并不能证明气候变化与爱尔兰等地人类社会的命运毫无关联。气候变化也许不能决定人口下降的速度，但在从青铜时代向铁器时代过渡的过程中，降温无疑会增加农业社会在应对其他挑战时的难度。

公元前 1000 年左右，北美地区的许多复杂社会遭到了遗弃，由此引出疑问：这一时期的气候波动是否给美洲社会带来了压力。例如，位于路易斯安那州的波弗蒂角纪念土冢，建于 3700 至 3100 年前之间，由多个土冢和同轴半椭圆的山脊组成，庞大而精致。大多数研究认为，这里后来被遗弃。距今 2600 年前左右，出现了早期林地文化，其特点是人口密度较低，贸易线路较短。除了移民和技术变化以外，气候变化可能也是造成文化及社会转变的原因之一。沉积物记录显示，气候变化很可能增加了洪水暴发的概率。然而，相对而言，该地区缺乏详细的气候代用指标，也没有关于在向早期林地文化过渡中出现的问题的描述，波弗蒂角高地上也没有抵御洪水的工事，这些都给气候变化假说带来了挑战。但该地区的食物供应和贸易路线却有可能受到了洪水的扰乱。

气候变化不仅给青铜时代晚期社会带来了严峻挑战，处于铁器时代的社会也未能幸免。作为铁器时代早期最成功的帝国之一，亚述文明向世人展示了它强大的军事实力，同时也显示出干旱的气候条件可能造成的紧张局势。以美索不达米亚北部的势力为根基，亚述国王每年都要发动战争。他们

所拥有的铁制武器、工兵以及对军事策略的熟练运用，使得
他们所向披靡，战无不胜。亚述军队征服了叙利亚、腓尼基、
以色列、巴比伦和埃及。他们有时手段残忍，在一段铭文中，
曾有过这样的叙述，"我在对方的城门上立了一根柱子，剥
下反抗首领们的皮，把它们蒙在柱子上"。亚述人大量驱逐
那些被征服的民众。气势恢宏的亚述石刻描绘了民众被驱逐
的场景以及战争、皇家狮子狩猎等其他主题。亚述人对自己
的征服行为赋予了宗教层面上的解释。皇家铭文中指出，扩
张亚述人的神的领土，特别是阿舒尔神。

几个世纪以来，亚述一直在展示自己的军事实力。但
在那之后，它却迅速走向了崩溃。公元前 7 世纪晚期，亚
述帝国发生了内战和叛乱。公元前 612 年，巴比伦和米底
亚人的军队占领了新亚述帝国的首都尼尼微。令人始料不
及的是，一个长期给邻国带来巨大恐惧的国家，突然间就
这样令人意外地垮台了。叛乱和内战导致了亚述帝国的灭
亡，但气候变化也可能给亚述增加了负担。公元前 7 世纪，
近东地区发生干旱，当时，亚述帝国的人口负担很大。一
位宫廷占星士在书信中写到 "颗粒无收"，可见当时的艰
难局面。然而，另一种解释却对亚述人口过多的观点提出
了异议。从青铜时代晚期到铁器时代早期，太阳辐射量的
下降可能对气候产生了影响。对欧洲泥炭沼泽的评估显示，
这一时期的太阳辐照度下降。一些模型显示，由于太阳辐

照度的下降，降水增加，沙漠面积缩小，中亚和西伯利亚南部的草原面积增加，牧草的供应量也随之上升。这进一步引起了该地区游牧人口的增加，这其中就包括一个被称为斯基泰的民族。随着人口的增加，斯基泰人向西迁移到高加索、黑海一带，最终到达欧洲。5世纪，希腊历史学家希罗多德对斯基泰人进行了描述。根据他的记录，斯基泰人自称来自沙漠，但希罗多德本人却认为他们来自亚洲。在希罗多德的记录中，斯基泰人曾遭受过周边民族的攻击，他同时也提供了证据，可以支持斯基泰人迁徙的另一种解释——对入侵作出的反应。如果气候影响斯基泰人的迁移，那么干旱也可以用来解释他们的西迁。

·· 最佳气候：罗马 ··

在全新世期间，干旱趋势引发区域压力。与之相反，更加稳定的气候条件则有利于文明的发展。例如，从公元前400年左右到公元200年左右，气候相对温暖稳定，人们称之为罗马气候或最佳气候。这些术语源于这样一种观点，即古典时代的复杂社会和强大帝国得益于其所处时代的气候条件。当然，所谓的最佳气候条件并不是一成不变的：同一种气候条件，对某个帝国来说可能非常不适宜，但对其他帝国来说，却可能是最合适不过。因而，末次冰盛期的寒冷天气，对驯鹿而言恰是"最佳气候"。可以说，"最佳"一词本身就表明了气候变化与人类历史有着密切的关系。

罗马和汉代中国，这两个古代面积最大、实力最强的帝国，在气候最佳时期蓬勃发展。罗马最初只是意大利中部台伯河畔的一个小城邦，逐步扩张到了整个意大利及地中海盆地，最终统治了西欧和东南欧内陆的广阔区域。罗马的起源颇具传奇色彩。其中一个传说，是关于一对由狼养大的兄弟——罗穆卢斯和莱姆斯。兄弟二人发生了冲突，最后哥哥罗穆卢斯获得了胜利，并以自己的名字命名了这座城市。另一个著名的传说来自于罗马作家维吉尔的史诗《埃涅阿斯纪》，其中讲述了特洛伊难民建立罗马的故事。目前可以确定的是，公元前8世纪时，罗马还只是一个村庄或小镇。早年，罗马处于国王的统治之下，但在公元前6世纪末，罗马放弃君主制，成为一个共和国，每年通过选举产生执政官和参议院。由于其强大的贵族统治，这个共和国实际上并不是一个属于大众的民主国家。

在标准叙事中，罗马的扩张以战争及军队和公民数量不断增加为特点。从起点台伯河开始，罗马稳步发展。这个过程早在罗马成为帝国之前就已经开始了。罗马与周边的拉丁人进行了一系列的战争。公元前4世纪，罗马获胜，被征服的拉丁人成为了罗马公民，罗马的军事力量得以加强。几个世纪以来，罗马一直采用这样的增长模式，通过战争扩大公民数量。在南方，罗马与希腊的殖民地作战，并不断地吸收希腊文化的元素。公元前3世纪，皮拉胡斯国王接受意大利地区希腊治下城邦的请求，协助他们攻打罗马。罗马军队与之发生鏖战，最终获得了胜利。

罗马与迦太基之间发生了一系列的战争，史称布匿战争。迦太基是罗马争夺地中海霸权的最大对手。在公元前264—前241年的第一次布匿战争中，罗马占领了西西里岛。在第二次布匿战争（公元前218—前201年），罗马军队与凶悍的迦太基将军汉尼拔之间展开了一场硬仗，罗马曾一度落败，但最终还是挽回了局面，获得了胜利。第三次也是最后一次布匿战争（公元前149—前146年）是一场复仇之战。罗马摧毁了迦太基，将迦太基城夷为平地，屠杀或驱逐平民，企图进行种族灭绝，以此作为对叛乱的报复。其后，罗马对马其顿采取了一系列的军事行动，并在公元前1世纪进入叙利亚，最终完成了对地中海区域的征服。与此同时，他们也向内陆进发，尤利乌斯·凯撒率军征服了高卢。

在凯撒的统治下，罗马开始向帝国过渡。凯撒的遇刺引发了一场权力斗争。最终，凯撒的外甥女之子兼养子屋大维取得了胜利，并以元首，即第一公民的身份统治罗马，拥有最高统治权，事实上已经建立起了罗马帝国。在权力的更迭

中，罗马继续扩张，帝国的边界离地中海越来越远。他们打
回了凯撒曾经到达过的不列颠，进入了罗马尼亚，又继续向
瑞士和德国进军，最后在与日耳曼部落的战斗中失利，被赶
回莱茵河畔。

从罗马的例子中可以看出，把气候视为影响人类历史的
主要因素之一的重要性和局限性。在许多以上述简要叙述为
基础的罗马扩张史中，一般并不把气候归为罗马获胜的主要
原因。促成罗马获胜和帝国成长的因素很多。罗马人宣称自
己进行的是正义的战争并会取得胜利。不管别人是否认为他
们的战争是正义的，罗马人的确获益于取得胜利赢得奖赏的
军事精英。事实证明，罗马拥有许多杰出的军事将领，包括
凯撒在内的许多指挥官曾出自贵族精英阶层，但当罗马帝国
在 3 世纪遭遇挫折之后，职业军人便逐渐取代了贵族指挥
官。军队中长期服役的职业士兵组成了一支经验丰富的战斗
部队。

罗马善于吸收邻国和被征服民族的军事力量，这使得罗
马帝国的实力与日俱增。这一点与著名的希腊城邦斯巴达形
成了鲜明对比。最迟于公元前 6 世纪到公元前 5 世纪期间，
斯巴达是希腊所有城邦中最强大的一员。他们先是于公元
前 5 世纪与雅典结盟，共同对抗波斯帝国。后又在公元前
431—前 404 年之间，与雅典人进行了长达数十年的伯罗奔
尼撒战争。斯巴达的强大依赖于训练有素的士兵，他们的士

兵往往要经过长达数年的训练。然而，从公元前4世纪开始，随着士兵数量的减少，斯巴达的军事力量被削弱了。相比之下，罗马采用了截然不同的军事模式，他们从其他许多城市和地区吸纳力量，扩充自己的军队。

取胜的关键有很多，因而最适宜的气候条件不可能被视为罗马扩张的主要因素甚至是唯一因素。那些被击败的城市、城邦及部落联盟与罗马处于相同的气候条件之中。罗马之所以能够打败迦太基、征服高卢，并不是因为气候的变化，但另一方面，相对稳定的气候条件帮助罗马王国和罗马帝国维持了几个世纪的统治。

在气候最佳时期，罗马的人口数量和耕种面积出现增长。由于缺乏涵盖所有居民的完整统计，罗马的人口规模很难估计。在经历了2世纪的人口增长之后，其人口上限估计在5000万至7000万之间。

不断增长的庞大人口需要稳定可靠的食物供应。想要养活数量众多且分布广泛的人口，不仅要依靠罗马人自身的适应能力，也依赖于有利的气候条件。罗马人在耕种的同时也会对食物进行征集和分配。罗马城自身就需要从帝国其他地区征集食品和谷物。与此同时，耕种的面积也增加了。早在公元前1世纪，随着共和国的扩张，罗马人就开始开垦土地。罗马食品生产和分配系统得益于适宜的气候条件。例如，在埃及，尼罗河丰富的降水使得农作物产量增加，提高了农业生产率。

罗马鼎盛时期的来临始于对树木、橄榄和葡萄种植的重视，而并非始于将军和皇帝的丰功伟绩。从罗马作家的叙述来看，在气候最佳时期，山毛榉、栗树等许多树木以及橄榄和葡萄的种植范围发生了变化。生活在 1 世纪的作家克卢梅拉评论说："过去，这些地区冬季寒冷漫长，葡萄树、橄榄树无法适应这样的气候。但现在，温和宜人的气候驱散了早前的寒冷，人们收获了大量的橄榄，还有酒神巴克斯的葡萄酒。"橄榄种植推广到了新的地区。事实上，在罗马统治时期，橄榄在高卢和法国的种植就已经普及开来。同样，葡萄的种植也推广到罗马北部。最佳气候条件减轻了种植扩大的难度，在罗马人移居到那些被征服的地区之后，对诸如此类的产品产生了大量的需求。

气候代用指标表明，在共和时代晚期出现了普遍升温趋势。地中海气候的覆盖范围可能因此而向北移动。来自波河三角洲、亚得里亚海和阿尔卑斯山的证据均可以表明，意大利的气温正在上升之中。这些指标证实，确实曾出现过一个明显的暖期，尽管其温暖程度无法与20世纪和21世纪相比。这段温暖的时期为农民提供了有利条件，增强了引起人口增长的其他因素的作用。

社会与文化变迁与气候相互作用，加强了这些趋势。在最佳气候时期，罗马人的创新和适应能力在很大程度上保证了帝国粮食的供给。在帝国的偏远区域，罗马人对水资源加以管理和引导。直到今天，那些具有近2000年历史的罗马渡槽，仍在向人们展示着罗马人在引水方面的独创性。生活在罗马帝国干旱地区的人们掌握了储水技术。帕尔米拉以及附近叙利亚地区的村民建造了蓄水池来收集雨水，用于当地的农业生产，而这片土地如今已是荒漠。在利比亚，被称为堡垒的罗马人防御工场遗迹仍屹立在那里。如今这一地区雨水稀少，居住在那里的牧民只能在雨后的谷底种植作物。罗马农民之所以能在今天如此干燥的土地上种植作物，主要得益于那时湿润的气候，但水分的增加是有限的。当时，罗马统治下的利比亚农民能够耕种旱地，主要还是因为他们擅长对水资源进行管理。农民利用蓄水池、地下水管等进行储水和引水。他们把季节性降雨引导到需要更多水分的农田里，来种植大麦、小麦、水果、香草、橄榄等作物。

气候条件影响着罗马的规模。罗马人的势力在地中海盆地和邻近的土地上蓬勃发展。在其鼎盛时期，罗马的疆界向北推进，占领了整个高卢和巴尔干半岛以及大不列颠和高山地带的大部分区域。然而，随着罗马军队进一步深入中欧，罗马的力量开始动摇。在地中海沿岸、高卢和西班牙多次赢得胜利之后，罗马军队于9年在特托堡森林遇到了日耳曼部落的伏击，遭受了毁灭性的打击。

在罗马人的认知中，日耳曼人具有在恶劣寒冷的气候条

件中茁壮成长的能力，这成为了他们心目中日耳曼人形象的
一部分。罗马历史学家塔西佗强调了日耳曼人的这些品质。
他把德国的气候与意大利及其他地中海区域的气候区分开
来。"除非自己的祖国就是如此，否则谁愿意放弃亚洲、非
洲或意大利，而到德国去呢？这样一个丑陋、粗野、气候
恶劣、不适宜观赏和耕种的地方。"塔西佗问道。那里的景
观和气候使日耳曼人变得顽强，"他们的气候和土壤使他们
更加坚韧，可以忍受饥饿和寒冷"。

　　罗马帝国在特托堡战败后幸存了下来，并沿着莱茵河
和多瑙河建立了军事边境。这段边境的大部分区域都比较稳
定，罗马人在那里的建设为日后科隆和科布伦茨等城镇的出
现打下了基础，但到了3世纪晚期，寒冷气候和日耳曼人的
威胁又再次出现在罗马人面前。这次危机几乎把罗马帝国推
向终结，直到3世纪晚期，罗马的实力才得以回复。有些观
点认为，河流结冰为入侵提供了更加便捷的路线。

　　在不列颠，气候也同样影响了罗马人对当地居民的认识
和军事边界的设置。身为罗马执政官的历史学家卡修斯·迪
奥特别强调了生活在北方寒冷地带的英国部落的坚韧："他
们能够忍受饥饿、寒冷以及其他任何苦难。他们陷入沼泽之
中，在只有头露出水面的情况下，仍存活了许多天。在森林
里，他们能以树皮和树根为食，维持生命。"虽然在2世纪
20年代至30年代期间，罗马军团有时会进入苏格兰地区，

但他们只是沿哈德良长城停留在靠近今苏格兰南部边界的地带。哈德良的继任者试图将边界向北推进，但最终还是败退回了长城沿线。生活在 6 世纪的罗马／拜占庭历史学家普罗科匹厄斯曾经提到，这段长城是气候的一个明显分界线，"现在，在不列颠岛上，古人建造了一堵长长的墙，把岛的大部分区域切断开来；两边的气候、土壤以及其他许多方面都不相同。长城的东边空气清新，季节更替，夏季温和，冬季凉爽……但长城的西边，一切都皆与此相反。人到了那里甚至连半个小时都活不下去"。

·· 最佳气候：汉代中国 ··

在中国，秦汉两朝同样是在气候最佳时期建立起了以农业为主导的庞大帝国。然而和罗马的情况一样，在关于中国历史的标准叙事中，气候往往被当成背景因素来看待。公元前 1046 年，周朝推翻了商朝的统治，取而代之，并以黄河流域为中心，向西部和南部扩张。但到了公元前 8 世纪，周朝出现分裂。当铁器时代到来时，中国还未形成一个强大统一的国家。各诸侯国之间的权力斗争构成了哲学家孔子的思想背景。生活在纷争时期，他崇尚已经崩解的旧礼，主张人在社会生活中应按等级各司其职。在传说由其学生编纂的

《论语》一书中，记录了孔子所说的这样一句话："君君臣臣，父父子子。"

中国秦朝（公元前221—前207年）是一个强大却又短命的中央集权制王朝。秦始皇征服了当时中国大地上的各个诸侯国。他建立了一套强大的官僚机构，并统一了度量衡和文字，作为其统治的基础。他采纳法家思想，主张以严刑峻法来维持统治的秩序。法家著作中所体现出的目标，与秦始皇加强国家权威的思想是一致的。秦始皇死后不久，秦帝国就崩溃了，但中国没有再次陷入到如战国时期那样的长期冲突中。相反，公元前202年，汉朝开始统治中国。

在汉朝的统治下，中国发展为一个庞大而稳定的帝国。汉朝将法家思想融入到儒家思想之中，并任用儒生治国。帝国的疆域覆盖了后世朝代所到达的大部分区域，并在西部和北部边境建立了强大的势力。在武帝统治时期（公元前141—前87年），汉朝军力达到顶峰，开始向西推进。为了推动贸易和殖民，汉朝军队曾冒险进入中亚地区。帝国在边界地带建立城市，用夯土筑起城墙，保护子民免受草原游牧民族的侵扰。汉武帝就曾命人迁居到北部鄂尔多斯高原地带（今内蒙古）。汉朝军队同时也向南方开疆拓土。在中国历史上，几乎所有时期的边疆半游牧民族都难以控制和征服。汉朝皇帝依靠外交、贸易以及军事行动等手段来维持西部和北部的安定。

主流叙事往往更加关注朝代的兴衰以及政权统治与民族融合的途径，而气候的作用并没有得到凸显。但就像罗马文明一样，在气候最佳期，稳定的气候使得农业生产的扩大变得更加容易。汉代农民利用多种工具和技术来提高产量。在国家的赞助下，修建了灌溉工程，农业专家撰写文本，介绍农业的改良模式。1世纪早期曾发生过严重的洪灾，人口总数急剧下降，但到了汉朝中期，人口从2000万左右增加到近6000万。

正如在罗马帝国的例子中看到的那样，气候也在一定程度上左右了汉朝疆域的划定。雄心勃勃的汉武帝把汉朝的疆域向西推进，但也付出了沉重的代价。汉朝统治的中原地区，以农耕文化为主导，但却要竭力在西部和北部干旱、寒冷的地区维持自己的统治。汉朝在北部地区修建了防御要塞。沿着北部边境，汉朝特别注意对匈奴这一游牧民族的控制。汉朝对匈奴人以及他们在恶劣气候条件下的生存能力的认识，与罗马人对日耳曼人的看法相似，尽管蒙古人与日耳曼人差异很大。汉武帝时期，曾遭受过严厉刑罚的历史学家司马迁，曾在论述中把匈奴的土地描述为"荒服"。

和罗马帝国一样，汉朝庞大的人口也依赖于对水资源的成功利用。事实上，汉朝对黄河的开发规模之大，本身就构成了风险。防洪大坝在黄河沿岸绵延数百英里。汉朝人口众多且不断增长，必须开展密集的农耕活动，从而加剧了对堤坝的侵蚀，这就要求对堤坝进行进一步的维护。14—17 年，黄河堤坝系统在连续的洪水侵袭中崩溃，造成大量人员伤亡，也引发了帝国的危机。帝国的统治秩序被叛乱打断，直至东汉建立，定都洛阳，才得到稳定。

鼎盛时期的罗马帝国和汉代中国代表着人类对自然环境全面开发的新高度。在此之前，包括整个人类历史和史前时期在内，人类所耕种的土地、种植的谷物以及饲养的动物从来没有如此之多。随着农业用地的开垦，遭到砍伐的森林越来越多，二氧化碳的浓度也随之不断上升。从 2000 年前以来，空气中可观察到的甲烷含量的增长在很大程度上是由于灌溉稻田以及饲养牲畜造成的。

·· 罗马与汉代中国的衰亡 ··

几个世纪之后，罗马帝国和汉代中国逐渐走向灭亡。"崩溃"这个词经常遭到历史学家的批评，他们认为"政治崩溃"一词会遮蔽连续性因素的作用。例如，罗马崩溃并不意味着罗马帝国的所有地区都以同样的速度受到削弱。西罗马帝国的统治于 476 年结束，但在那之后，东罗马帝国仍存续了许多世纪。后世将东罗马帝国称为拜占庭帝国，但在当时，它的名字仍然是罗马帝国。在西罗马帝国灭亡后的几个世纪里，罗马文化在东罗马帝国中得以延续，直到拜占庭帝国失去了大部分领土，在文化、社会和宗教方面经历了一系列的变化，逐渐脱离了古代社会的形态。拜占庭帝国的残余势力一直延续到 1453 年，直到奥斯曼土耳其占领君士坦丁堡，罗马帝国才彻底灭亡。

如果我们能够真正理解罗马帝国的崩溃意味着什么，那么就会发现对其进行的讨论是有意义的，尽管东罗马帝国依然存在。崩溃并不表示所有地区的古代文化和社会在同一时刻，以同样的速度立刻消失。帝国西部的混乱没有蔓延到东部，那里的生活仍在继续。但罗马帝国的崩溃，还是反映在许多现实层面。城市生活在欧洲西部几乎全部消失，在东部也出现萎缩。在东罗马帝国，这种变化的速度相对要慢得多，局部的差异也更大。即便如此，君士坦丁堡已不复往昔的繁荣，城市的大部分地区年久失修。到了拜占庭时代后期，东罗马帝国的人口数量与之前几个世纪相比，只剩下一小部分。西罗马帝国的崩溃，使得之前那套复杂的国家和官僚体系在很大范围内被瓦解，权力极度分散，四分五裂。人口数量锐减，耕地面积减少，许多地区变成了荒地或森林。

在文化方面，民众的文化水平下降，读写能力成为了宗教人士的专长，甚至连中世纪前半期西欧和中欧最强大的统治者，法兰克国王查理曼大帝（768—814 年在位）也无法读写。尽管他在晚年曾试图学习，但没有成功。正如他的传

记作者艾因哈德所述："他也曾尝试写字，常常把写字板和
白纸放在枕头下面。这样在闲暇的时候就可以练习书写。然
而，他在晚年才开始进行练习，显然已经错过了练习的最佳
时期，最终还是失败了。"

中国在经历了 1 世纪的危机之后，东汉王朝建立。迁
往东部新都城的汉王朝获得了新生，但面临的挑战却未曾间
断。帝国权力受到侵蚀，王朝内部斗争激烈。随着定居点和
殖民范围的西扩，中国也背负着巨大的负担。为了安定动荡
不安的边界和难以驾驭的半游牧民族，中国付出了沉重的代
价。王朝内部面临着一系列由道教及其他势力发动的叛乱。
包括宦官、儒者等在内的派系争斗长期笼罩着帝国的首都。
王朝长久以来所依赖的地方指挥官变得越来越强大，直至
220 年，东汉王朝结束，中国分裂为多个王国。

之后的历朝历代证明帝国模式并没有在中国结束，但自
汉朝分裂开始，中国在许多方面都出现衰落：人口下降，耕
种的土地面积减少，在北方表现得尤为明显。游牧民族不断
侵入之前汉帝国的领土范围。

如果说稳定的气候条件有助于罗马帝国和汉代中国的建
立和扩张，那么在它们崩溃和衰落的过程中，气候条件又起
到了怎样的作用呢？在中国，王朝的兴衰受到多重因素的影
响，包括统治者的作为、统治精英内部的关系、与邻国的关
系以及循环往复的叛乱等。然而，降雨量较大的时期，也往

往正是王朝兴旺的时期。从公元前206—公元24年，西汉时期的沙漠面积缩小。总体而言，西汉早期的粮食收成较好。而当干旱发生时，国家则更有可能遭遇财政危机。

再回到罗马的例子。罗马崩溃的原因长期以来一直吸引着历史学家的目光。在过去的几个世纪中，历史学家从内外因两个方面提出过多种可能导致罗马衰落的事件或现象：蛮族、日耳曼部落以及其他各种势力从罗马帝国边境发起进攻，在帝国境内横行无忌。城市生活的逐渐衰落，则从内部削弱了帝国的实力。在帝国边境之内，地方巨头和军事强人的崛起侵蚀了中央政府的影响力。政府本身日益腐败，行政效率也越来越低。帝国东部和西部之间的经济失衡加剧，在西罗马帝国开始衰落后，东罗马帝国和君士坦丁堡在很长一段时间里，仍然保持着相对富裕的水平。不仅如此，罗马帝国的防御也被削弱了，军队的优势不再，越来越多地依赖那些蛮族新兵，模糊了敌友之间的界限。一些学者认为，宗教信仰的改变以及基督教的兴起也是帝国衰落的一个原因，但圣奥古斯丁在他的著作《上帝之城》中驳斥了这一观点。

以上这些因素以及其他可能导致罗马崩溃的原因都得到了历史学家的确认。无论如何定义崩溃，如果要把所有关于罗马灭亡的假设一条不落地列出来，那么这份清单将如百科全书一般。即使其中的一些解释不太令人信服，但仍有大量

可信的论据能够表明罗马的崩溃和衰落是多种因素相互作用
的结果。即便如此，历史学家在研究中仍极少强调气候变化
的影响。虽然，创造了"衰落与瓦解"这一表述的 18 世纪
作家爱德华·吉本，曾讨论过气候可能对人类产生的影响，
但历史上对衰落的标准解释并没有提出过任何基于气候的确
定性论据。

　　由于导致衰落的原因众多，因而很难得出这样的结论：
气候变化决定了罗马帝国或汉代中国的命运。但目前已有证
据表明，气候变化的确曾使这两个帝国面临困境。以罗马为
例，管理水资源管理和分配食物的能力使罗马能够应对天气
的波动，但罗马人口的增长也使罗马帝国更容易遭受决定性
的气候破坏。

　　罗马时代晚期，不稳定的气候条件影响着农业生产。3
世纪，在罗马帝国几乎就要崩溃的时候，气候开始变得干燥，
粮食丰收越来越罕见。出现在古代晚期的气候波动在帝国东
部却呈现出不同的形式：更高的湿度和丰沛的降水改善了地
中海东部和安纳托利亚部分地区的耕作条件。这种更加有利
的气候条件是帮助古典文明在帝国东部持续时间更长的因素
之一。随着谷物、橄榄、核桃和水果的种植，包括安纳托利
亚西南部内陆地区在内的帝国东部的聚居地蓬勃发展起来。
6 世纪末，农民放弃田地和果园，转而从事畜牧业。安纳托
利亚中南部的人口数量在古代晚期也有所增长，直到后来气

候趋于干燥，原先种植谷物和核桃的土地，转变为遍布松树和雪松的草原及森林。与此类似，巴勒斯坦的戈兰高地及其他一些地区也曾受益于潮湿的气候条件，后又在 7 世纪时陷入农耕萎缩的困境。

尽管气候波动远非罗马帝国兴衰的核心因素，但它却确实影响了罗马帝国的命运。帝国晚期，尼罗河不再是农业发展的可靠保障。中亚接连发生的大规模干旱可能给汉代中国和罗马帝国的统治都带来了更大的压力。大规模的干旱很可能刺激了人口的流动：包括匈奴人和阿瓦尔人在内的大量居民从中亚向西迁移，来到罗马边境，构成了重大的军事威胁。从中国华北地区的树木年轮推断，中亚曾经历过三次长达数十年的干旱，分别发生于 360 年、460 年和 550 年前后，而每一次干旱又都与入侵发生的时期大致相吻合。

由厄尔尼诺—南方涛动带来的气候波动可能是引发中亚地区"超级干旱"的原因。厄尔尼诺—南方涛动对厄尔尼诺（暖）期和拉尼娜（冷）期的交替有着重大影响。当处于厄尔尼诺（暖）期时，赤道东太平洋的水温较高，而当拉尼娜（冷）期来临时，海水的温度则较低。在厄尔尼诺（暖）期时，信风减弱，温暖的海水沿着赤道太平洋向东移动。较高的水面温度增加了大气对流的强度，降低了太平洋中部的大气压力，从而改变了大气和海洋环流的模式，并带来了正反馈：大量温水汇聚在太平洋东部，秘鲁沿岸上涌的冷水开始减弱。而拉尼娜（冷）期的气候条件恰与之相反，表现为信风变得更加强劲，上涌的冷水水量增多，东太平洋水面温度变低。目前，厄尔尼诺（暖）期和拉尼娜（冷）期每 2～7 年发生一次转变。

厄尔尼诺现象和拉尼娜现象影响着全球范围内的天气和气候变化。厄尔尼诺－南方涛动循环改变了中纬度地区的急流，从而影响了风暴轨迹。例如，在发生厄尔尼诺现象的冬季，急流的移动增加了南加州的降水，而在拉尼娜期，急流向北移动，会加剧美国南部的干燥气候，而太平洋西北部的冬天则更加潮湿。当拉尼娜现象发生时，印度尼西亚、澳大利亚北部、南非部分地区和巴西北部的湿度增大，而非洲赤道地区和南美洲东南海岸则变得更加干燥。同样，拉尼娜现象让中亚气候干燥，而厄尔尼诺现象则使其变得潮湿。匈奴人和阿瓦尔人迁徙期间发生的三次干旱可以说明当时正处于拉尼娜现象时期。此外，年轮记录也显示出，在中亚大干旱期间，拉尼娜现象也普遍存在。

由于没有书面记录可以说明匈奴人和阿瓦尔人向西迁徙之前的情况，我们无法断定那些可能诱使他们离开草原的内部因素。历史学家普罗科匹厄斯强调，匈人没有自己的文字，他们"对书写完全没有认识，至今也不熟练"。而对于同样来自大草原，在 6 世纪中叶到达高加索地区的阿瓦尔人，我们也同样知之甚少。

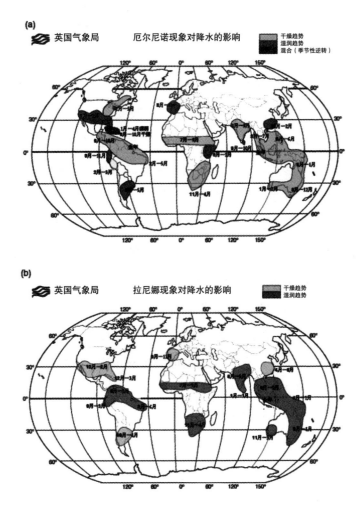

图 3.2

(a) 厄尔尼诺现象影响下的降水地图

(b) 拉尼娜现象影响下的降水地图

和大草原上的许多半游牧民族一样，匈人和阿瓦尔人都十分善战。匈人骑在马上，快速前进，利用弓、套索和长矛攻击敌人。阿瓦尔人同样拥有强大的骑兵。他们不仅配备了复合弓，在战斗中还使用攻城车，铁马镫也有可能是由他们引入欧洲的。匈人和阿瓦尔人的弓箭手都具备在全速前进中快速射箭的能力。

随着匈人和阿瓦尔人的向西迁移，罗马帝国面临着新的潜在威胁。罗马人与日耳曼部落之间的宿怨已久，在奥古斯都·凯撒统治时期，罗马人就曾被日耳曼部落赶出德国的大部分地区。特托堡森林溃败后，罗马在莱茵河和多瑙河沿岸建立起稳定的边境。在 3 世纪时，蛮族跨过莱茵河，对罗马帝国发动新一轮攻击。结果与其在东部与波斯人的战斗结果一样，罗马人再度失利。在 3 世纪末 4 世纪初时，在拥有军事背景的新皇帝戴克里先和君士坦丁大帝的统治下，罗马的实力再度恢复。

中亚地区的干旱气候促使蛮族开始向西进行迁徙或发动侵略，西罗马帝国走向末路。匈人和阿瓦尔人走出中亚，向西迁移，转而与日耳曼部落发生接触。中亚游牧民族和德国人之间的接触并不一定会导致战争，即便是发生了战争，匈人和阿瓦尔人也并不总是赢家。然而，来自东方的竞争愈演愈烈，迫使更多的日耳曼人进入罗马帝国的领地。其中许多人被吸纳进罗马人的军队，扩充了军队的力量，但也破坏了罗马的稳定。376 年，特维吉人 / 西哥特人首领弗里提根为了逃避与匈人的竞争，试图进入罗马帝国。当时，正在罗马与波斯边界地区的皇帝瓦伦斯接受了哥特人的请求，条件是他们必须服从罗马的统治，向帝国缴纳赋税，并加入罗马人的军队。成千上万的哥特人越过多瑙河，人数之多远远超过了罗马人的预期。罗马一侧多瑙河沿岸的秩序很快就开始崩溃。从那以后，源源不断的哥特人、格鲁托基人渡过多瑙河，以此来躲避匈奴人的追击。

即使瓦伦斯试图阻止人潮的涌入，他也可能根本无法成功。378 年 8 月 9 日，那些他亲自下令允许越过多瑙河的哥特人，包围并摧毁了罗马帝国在阿德里安堡外的军队。罗马士兵英勇奋战了数个小时，一位当时参战的士兵描述道："野蛮人蜂拥而来，践踏我们的马匹和士兵，队伍拥挤不堪，进退不得。"哥特人没能在取得胜利后，进一步占领重镇或要塞，但皇帝瓦伦斯本人在战斗中被杀。新皇帝狄奥多修斯与哥特人达成和解，哥特人作为帝国的臣民，仍然保留自治权。阿德里安堡战役的失败并没有直接导致罗马的灭亡，但罗马帝国已无法驾驭其内部强大的哥特领袖。410 年，西哥特人的首领阿拉里克，在罗马皇帝霍诺里乌斯拒绝其要求的情况下，洗劫了罗马城。

很快，跟随着日耳曼部落的步伐，匈人也进入罗马境内。5 世纪初，匈人建立起强大的邦联，开展外交的同时也发动

军事行动。那时索要人质是维持和平的一种方式。罗马帝国
5世纪时的指挥官弗拉维乌斯·埃提乌斯年轻时就曾在匈人
那里为质，后来他曾数次镇压过匈人，被历史学家普罗科匹
厄斯称为"最后的罗马人"。然而，在5世纪40年代，阿
提拉入侵罗马，对巴尔干半岛造成巨大破坏。451年，他向
高卢发动攻击，一年后，被埃提乌斯和西哥特人在沙隆战役
中击败。匈人本身并没有终结西罗马帝国，但匈人的不断入
侵牵制了罗马人的力量，罗马人更加难以维持本已支离破碎
的帝国。虽然埃提乌斯成功保住了高卢，但他却无力阻止西
班牙的沦陷。

在西罗马帝国衰亡之后，人口向西迁移，幸存下来的东
罗马帝国面临着持续不断的压力。与匈人一样，大草原的干
旱可能是促使阿瓦尔人向西迁移到东罗马帝国即拜占庭帝国
的一个主要原因。拜占庭统治者时而与阿瓦尔人作战，时而
与其结盟，时而向其进贡。那时拜占庭帝国正疲于面对与波
斯人的战争，无力调配大量的资源来应对与阿瓦尔人之间全
面持久的战争。在601年皇帝莫里斯统治末期，拜占庭军
队击败阿瓦尔人。602年，军官福卡斯发动叛乱，皇帝莫里
斯被刺杀。之后新的萨珊王朝（波斯第三帝国）对拜占庭帝
国发动了新的战争。曾在610年击败了福卡斯的拜占庭新
帝赫拉克利乌斯，在这次战争中，却没能逃脱彻底溃败的结
局。在波斯军队占领了拜占庭的行省安纳托利亚和叙利亚之

后，阿瓦尔人在巴尔干半岛再次发动攻击，并于 626 年抵达君士坦丁堡城外，但他们并未占领这座城市。

纵然某支蛮族的入侵不会直接导致罗马帝国的崩溃，但长期的掠夺、战争和难民流动累积下来的负担削弱了西罗马帝国的实力，也加重了东罗马帝国的负担。在人们心中，蛮族往往被看作是掠夺者，他们入侵富饶的土地，带着战利品绝尘而去；又或者是被文明的奇迹所引诱的乡巴佬，着迷于模仿和吸收那些处于他们胁迫之下的风俗和文化。除此之外，气候变化是这一系列蛮族入侵的另一个诱因。除了文明的吸引力这个原因之外，严重的干旱是促使人口向古老的帝国中心迁移的又一个驱动因素。由此引发的一系列移民浪潮和入侵，使这个本就面临许多威胁的帝国变得更加风雨飘摇。

536 年，拜占庭帝国疑似遭遇了一场火山爆发。在那以后，帝国及其他一些地区可能经历了一次突发的降温过程。亲历者记录下了当时漫天沙尘的景象。树木年轮证实了降温的存在。其后在 540 年和 547 年又发生了两次火山爆发。根据对树木年轮的分析，这些前后相继的事件引发了明显的降温趋势，被称为"古代小冰河期晚期"。此时拜占庭帝国正欲向西扩张，进入前西罗马帝国的领地。

总体而言，罗马帝国和中国汉代的历史显示出适宜气候条件所带来的优势。由于气候记录的复杂性和区域差异，我们很难将罗马帝国或中国汉代历史上的任何一个单一事件归因于气候条件的作用。然而，尽管在 1 世纪时突发的洪水曾打断汉朝的发展，但从更广泛的意义上来看，在气候相对稳定的时期，帝国繁荣，人口兴旺。在帝国崩溃、衰落和转变的复杂过程中，许多因素都曾发挥作用。气候相对稳定期的结束使得帝国的实力受到削弱。

·· 中世纪早期欧洲的气候和景观 ··

伴随着西罗马帝国的灭亡，欧洲大部分地区的古典人文景观也消失殆尽。考古学家发现，6 世纪和 7 世纪时，在被意大利和法国占领地区中，大量的古代（古典时期）遗址被遗弃。例如，位于法国南部的罗纳河谷，5 世纪时的遗址数量只有 2 世纪时的三分之一。在高卢的东北部，许多罗马时期修建的别墅和农舍遭到遗弃。今法国北部区域的土地利用类型也发生了变化。在人类居住的地区之外，耕地面积减少，森林不断扩张，家畜的体形也比罗马时代的要小。

罗马帝国在西欧失势后的几个世纪里，定居人口数一直呈减少的趋势，这种现象常常被归因于蛮族的不断迁徙。尽管蛮族的迁徙从一开始就削弱了罗马帝国的力量，却几乎没有留下暴力破坏的痕迹。中世纪早期人文景观的持续变化，可能是一段时间内出现的强冷空气和强降水的极端天气而引起的，甚至有证据可以表明，在六七世纪时，罗纳河曾经洪水泛滥，阿尔卑斯山脉中的冰川也出现了生长。

·· 小结 ··

总体而言，从青铜时代到铁器时代，全新世的气候条件为农业的发展和复杂社会文明的出现提供了有利条件。从农耕村落的出现到罗马帝国和中国汉代的崛起，复杂社会的规模和程度在几千年间不断发展。建立在农业盈余基础之上的城市生活和复杂国家的总体模式向越来越广泛的地区蔓延，这种势头一直持续到西罗马帝国灭亡，其原先的大部分领地开始急剧收缩为止。政治和社会历史出现破裂和间断，但文明的基本模式或形态在多次政治变迁中仍得以保存，显示出其自身的韧性。

在全新世的气候波动中，干燥趋势的发展带来了巨大的挑战。在最极端情况下，季风带的移动会成为给印度河流域城市造成破坏的主要因素。新月沃土地带的城市文明历史悠久，这一事实显示出随着时间的推移，当地文明已具备了适应气候变化的能力，但在青铜时代末期他们却普遍受阻，这其中似乎也有气候条件的作用。干旱和局部降温也是刺激游牧民族或半游牧民族往西向罗马帝国迁移的因素。

气候变化和人类活动相互作用，共同塑造了人文景观。因此，关于罗马帝国农作物和农业情况的记录为研究气候历史提供了可能的代用指标。除此之外，经济因素和文化偏好同样也会对种植起到推动作用。随着人口的增加，人类在景观塑造过程中发挥的作用也越来越大。

❹

中世纪时期的气候与文明

· 中世纪时期的气候

· 北大西洋

· 温暖的欧洲

· 亚洲水文气候

· 干旱与唐宋两代

· 蒙古人与气候

· 东南亚的扩张

· 美洲的洪水与干旱

· 南美洲的水文气候

· 小结

罗马帝国的例子表明，区域气候趋势可能会使文明和复杂社会受益，但也有可能带来挑战。区域气候波动并不能决定罗马帝国走向特定的命运。出色的行政能力和经济的多样化提升了罗马应对气候变化的复原力，但气候变化与其他因素相互作用，加重了罗马帝国晚期所面临的各种困境。同样的模式也适用于古代之后的复杂社会。良好的气候条件可以促进农业的发展和贸易的扩张，但气候波动，也会助长某些复杂社会的危机，尤其是在区域气候变化造成长期严重干旱或降水发生大幅度变化的情况下。

西罗马帝国灭亡之后，欧洲历史进入了史学家们所称的中世纪时期。那时欧洲大部分地区的居民都只能栖身在废墟之中，那些建筑并非出自他们之手，他们也不知道该如何

建造。事实上，遗留在原罗马帝国各地的石头就能够充当良
好的建筑材料。一些大型结构如渡槽等，犹如采石场一般，
可以提供源源不断的石料。在英国伦敦，人们沿着昔日罗马
城墙的周围开始建造新的建筑。即便是更远的威尔士，中世
纪的建造者们也都是利用原先的材料并在原罗马城墙的基础
上进行建造。在东方，东罗马帝国幸存下来，一直延续到
1453 年奥斯曼土耳其人占领君士坦丁堡。然而，七八世纪
时的东罗马帝国，已与之前的时代完全不同。修建于公元 6
世纪的圣索菲亚大教堂主宰着这座城市的天际线，它所融合
的高超的建筑技艺，在东罗马帝国晚期已然失传。

　　中世纪时，政治形态发生了深刻变化，逐渐远离中央
集权。帝国本身也土崩瓦解。虽然它仍残存于东方，但也只
剩下了一具空壳。其后由蛮族所建立的那些王国，往往也只
是昙花一现。尽管君权的观念仍然存在，但大家都很清楚，
再不会出现下一个罗马皇帝。随着地方豪强和领主的数量增
加，欧洲进入封建时代，罗马帝国晚期就已经出现的权力分
化逐渐加速。任何自立为君主的人想要掌控这些势力都绝非
易事。即便是盘亘于东方的拜占庭帝国，也没能阻止这场深
刻的变革。在西罗马帝国刚刚灭亡之际，一个振兴的东方帝
国似乎完全具备向西扩张的可能。但541—542 年瘟疫暴发，
大量人口流失，削弱了拜占庭帝国的实力。6 世纪晚期至 7
世纪早期，拜占庭帝国面临着来自日耳曼人和阿瓦尔人的攻

击，同时还得全力应付与新萨珊波斯帝国之间长达数十年的大规模战争。皇帝赫拉克利乌斯虽然成功地击败了波斯人，但另一支新的入侵势力——阿拉伯人接踵而至。在伊斯兰教形成后，阿拉伯军队开始从阿拉伯半岛向外扩张。正是他们最终把拜占庭人赶出了埃及、叙利亚等地。

鉴于这一时期变化的规模之大，历史学家完全有理由将其划为一个全新的时代——中世纪，尽管他们后来一直强调地中海和黎凡特地区向中世纪的过渡并非一蹴而就，而是经历了一个缓慢的过程。由于世界史作为一门学科，在很大程度上是以西方历史为中心而扩展开的，所以尽管从其他一些地区的历史来看，当时并没有足够的理由划分出一个新时代，但中世纪这一分期仍然得以确立。在中国，汉朝灭亡的时间与西罗马帝国灭亡的时间粗略相当，但对另外一些地区来说，中世纪这一分期毫无意义。在对人类历史上气候变化的研究和分析中，有时会使用"中世纪"这一术语，指代大约500—1300年这段时间。尽管针对某些地区，历史学家可能会使用其他术语来区分历史时期，但这并不妨碍我们追踪全新世中这段时间内的气候与历史之间的关系。

·· 中世纪时期的气候 ··

与历史学家所采用的并不十分准确的"中世纪"这一术语类似，这一时期的气候状况被称为"中世纪暖期"。这一术语最早由休伯特·兰姆在 1965 年提出，用以指代 1000—1200 年左右，在欧洲持续存在的显著温暖时期。尽管他在最初使用这一术语的时候承认，中世纪时亚洲等地的气温似乎并没有上升，但这一术语出现在气候文献中，仍会给人留下一种误导性的印象，即当时全球范围内的气温都高于现代。最近有研究显示，这一时期气候变暖的现象在时间和空间上的差异都很大。例如，在约 830—1100 年，北美、欧洲和亚洲各地就已经出现了气温升高的现象。而持续数个世纪的暖期在南美洲和澳大利亚的开端则较晚（约 1160—1370 年）。也有证据表明，包括热带太平洋在内的一些地区，气温不升反降。而另一术语"中世纪气候异常期"（MCA）描述的则是全球变暖既不同步也不连续的情况，也包括水文条件变化的情况，后者带给全新世文明的影响可能更大。中世纪期间，全球多地都经历了持续干旱，特别是美国西部、墨西哥北部、南欧、赤道非洲和中东等地。相比之下，在中世纪气候异常期，北欧和南非东部等地则较为湿润。亚洲的水文气候在中世纪时表现出区域性差异，一些地区干旱程度较高，而其余区域则更为湿润。

　　在中世纪气候异常期和随后出现的小冰期期间，气候的变化或变异受到许多外部因素的驱动，如太阳辐射、火山活动以及气候反馈等。地球上层大气中受太阳驱动反应而产生的宇宙成因同位素如铍−10和碳−14的地质记录表明，在中世纪气候异常期中，太阳的辐照度有所增加。这一时期，也是火山活动相对平静的时期。由于火山爆发释放出的气溶胶能够反射阳光，所以往往会导致短暂的(1 ~ 2年)降温。热带地区的爆炸性喷发尤其如此，因为气溶胶会被注入到更高层的大气中，随着风被吹散到全球各地。冰芯中硫酸盐气溶胶的沉积量可以反映出过去火山活动的情况。在中世纪气候异常期中，冰芯中的硫酸盐气溶胶含量较低，表明火山活动少，这可能是这一时期气候相对温暖的原因之一。

　　太阳辐射的增加可能会诱发海洋与大气间的相互作用，如厄尔尼诺–南方涛动以及北大西洋涛动，可以用来解释中世纪气候异常期的气候模式。在气候异常期中，包括北美、非洲东部和欧洲南部的部分区域在内的全球许多地区都出现了气候干燥的现象。东非地区，降水减少降低了尼罗河的水量。而同一时间，萨赫勒和南非等地则普遍较为湿润。我们在现代发生的拉尼娜现象中，发现了同样的水文气候模式，这表明拉尼娜现象在中世纪气候异常期时长期存在。

　　除了厄尔尼诺–南方涛动之外，另一种气候振荡现象——北大西洋涛动可能在中世纪的气候变化中也起到了关键作用。在那一时期持续存在的区域气候模式与今天北大西洋涛动处于正位相时所形成的气候模式高度一致。与厄尔尼诺—南方涛动发生时的情况一样，大气压力状况控制着北大西洋涛动。在北大西洋涛动正模式下，副极地和亚热带大西洋之间较大的气压差会形成强劲的西风带。受其影响，北欧和美国大西洋沿岸等地的冬季温暖而湿润，而地中海、格陵兰岛及加拿大北部地区往往寒冷而干燥。北大西洋涛动对尼罗河流域的影响更为复杂。中世纪气候异常期时，北大西洋涛动处于正位相，这或许可以用来解释这一时期尼罗河水水量减少的现象。

·· 北大西洋 ··

在欧洲和北大西洋，中世纪气候异常期中相对温暖的气候条件对人口的迁移模式、政府或国家的扩张以及农业发展都带来了影响。在这个政治、社会和文化混乱的时代，罗马晚期的一些趋势一直延续到后罗马时代。曾经改变罗马人口构成并最终导致罗马权力消亡的移民浪潮仍在继续。同属日耳曼民族的盎格鲁人、撒克逊人和朱特人迁移到不列颠地区，伦巴第人向西移动到意大利北部。除了日耳曼民族以外，同样进行迁徙的还有斯拉夫部落，他们在 6 世纪至 7 世纪时，已分散到东欧和中欧的大部分地区。尽管一些历史学家认为，移民时代结束于 700 年左右，但在 8 世纪后期，维京人却踏上了远离斯堪的纳维亚半岛的旅程。

在移民时代中，居住在斯堪的纳维亚半岛上的维京人是所有民族中走得最快最远的一支。维京人善于进行突袭。他们首次发动突袭的确切时间很难确定，但第一次使得他们声名大噪的突袭发生在林迪斯法恩岛。林迪斯法恩岛位于英格兰东北部诺森比亚海岸之外，作为凯尔特基督教的中心，林迪斯法恩被视为一个神圣的岛屿。在英格兰北部基督教化过程中发挥重要作用的圣卡斯伯特的遗物就保存于此。793 年，维京人袭击了林迪斯法恩岛，杀死僧侣，盗走财宝。这次袭击震惊了许多基督徒，这其中就包括阿尔昆。这位出生于诺森比亚，后被查理大帝邀请去宫中供职的杰出学者，曾在作品中哀叹道："圣卡斯伯特教堂溅满了上帝祭司的鲜血，所有的饰物都被洗劫一空，不列颠最神圣的地方沦为了异教徒的猎物。"

林迪斯法恩岛突袭并不是一个孤立的事件，它吹响了维京人发动袭击的号角。795 年，维京人袭击了位于苏格兰西海岸内赫布里底群岛中的伊奥那岛。802 年，他们又卷土重来，对这座拥有修道院的神圣岛屿发动了第二轮袭击。维京人驾驶着长船在海上航行，在欧洲各海岸登陆。他们的船只吃水很浅，因而能够在河道上通行。维京人先是袭击了法国北部的诺曼底，再沿着塞纳河逆流而上，于845年袭击了巴黎，同年又洗劫了德国北部的汉堡。

维京人不断扩大他们的袭击范围，以占领更多的土地。9世纪后期，维京人占领了英格兰的大部分地区，将它们置于丹麦法律的约束治下。在爱尔兰，他们在都柏林的周围建立起王国，几个世纪以来，那里的挪威人或挪威 – 盖尔人都被称为奥斯特曼人（意为东方人）。沿着北海岸，维京人在苏格兰海岸附近以及法罗群岛北部和西部的岛屿上安顿下来。在不列颠群岛南部，维京统治者在诺曼底建立了自己的王国，并皈依了基督教。诺曼人前往地中海，曾一度占领西西里岛。1066年，诺曼底公爵威廉入侵英格兰，史称"诺曼征服"，并在黑斯廷斯战役中击败了最后一位盎格鲁 – 撒克逊国王哈罗德。在此前几周的斯坦福桥战役中，哈罗德的军队在与挪威人的战斗中几乎消耗殆尽。

维京人的航行远不止于此，他们穿越北大西洋的广阔水域继续向西前进。在9世纪时到达冰岛，随着大量移民的涌入，这座岛屿迅速发生了分化。对现代冰岛人口基因的分析表明，当时与维京男性一起来到冰岛的还有凯尔特女性。从冰岛向西，维京人又登上了格陵兰岛，于10世纪晚期在那里建立了定居点。通常认为发现格陵兰岛并创建定居点的人是"红发埃里克"，尽管很有可能其他一些人也推动了定居点的建立。还有人认为，正是他以绿色（green）来命名格陵兰岛，以吸引人们长途跋涉来到这块大部分被冰雪覆盖的土地上定居。

格陵兰岛上的挪威定居者约有 5000 人，主要分布在两大定居点：位于西南海岸的西部定居点以及位于岛屿南端的东部定居点。他们经营养羊场，并与挪威进行贸易。他们还建造了许多教堂（包括一座大教堂）、军事要塞，除此之外，还为当时的主教修建了一座主教宫。这位主教后来成为了格陵兰岛上最大的土地拥有者。

维京人的旅程继续向西延伸，直至北美洲。大约在 1000 年时，他们到达了今加拿大纽芬兰地区，在纽芬兰岛北端的兰塞奥兹牧草地建立了定居点，修建了几座木结构的草皮房子以及一些小作坊，其中包括一间锻冶场。维京人其他的登陆点和定居点被认为主要在北美海岸沿线。其中的几处仅有非常脆弱的证据能够表明它们的存在，有些甚至完全是出自于猜测，但维京人在加拿大海岸建立临时营地的可能性还是非常大的，尽管他们在北美洲并没有停留太久。

究竟是什么原因驱使维京人从斯堪的纳维亚远渡重洋，四处迁移？他们对修道院以及财宝的掠夺，举世震惊，这显示出了他们对战利品的追逐。从这个角度看，维京人与海盗无异。这种观点十分类似于人们对半游牧部落迁徙的解释：他们跨过草原的原因之一，是为了从复杂社会中攫取物资。

低估维京人对贵重物品的兴趣的确有悖史实，但他们

图4.1

兰塞奥兹牧草地

资料来源：伊莎贝尔·利伯曼

的迁徙绝不仅仅只是为了偷窃。维京人最广为流传的形象当属船上或战争中的战士，但实际上他们之中的男男女女也有许多是以耕种田地和饲养动物为生的农民。他们所耕种的土地，有些是自己的，有些是属于酋长的。除此之外，他们还参与商业和贸易。例如，维京人在英格兰建立了一个名为约克的定居点，在那里开展各种贸易。

　　另一种可能是，挪威人之所以走得如此之远，是因为他们有能力这样做且主观上想要寻找新的家园。维京人拥有长船，具备远航的能力。与此同时，斯堪的纳维亚半岛的条件也可能是促使他们离开的又一因素。一种解释认为，斯堪的纳维亚半岛的耕地面积有限、作物生长季节短，人口的增长可能会迫使他们向外移民。然而，事实上维京人仍继续在斯堪的纳维亚半岛上耕作，在半岛内外开发新的土地。他们的定居点不断扩张，这种情况一直持续到 14 世纪。

维京人的移民不是由哪一个单一因素 "决定"的。事实上，历史学家一直都很清楚，没有哪一个复杂趋势，是由单一原因促成的。按照这一逻辑，维京人离开斯堪的纳维亚半岛不会仅仅是由于气候。尽管如此，中世纪区域气候变化还是在几个方面推动了维京人的扩张。这一时期，北方高纬度地区气候温暖，促进了人口的持续增长，有助于海洋航行，为维京殖民者创造了有利条件。较长的生长期和较短的冬季推动了斯堪的纳维亚半岛上的人口增长，从而激发维京人前往开发新的土地。随着他们离开斯堪的纳维亚半岛，不断向西，海冰逐渐减少，航行变得相对容易，即使是对于今天的水手来说，他们的任何一次航行也都具有很高的风险。在穿越北大西洋期间，温暖的气候为殖民创造了有利的条件。以冰岛为例，那里作物生长季节短，冰川和活火山众多，移民难度大，但冰岛上挪威移民的人数却成功发展到 8 万左右。尽管如此，受过度放牧、滥伐森林、换土速度极慢以及火山爆发等因素的影响，要想维持这一人口规模却绝非易事。

要分析中世纪气候异常期给维京人扩张可能带来的影响，可以把格陵兰岛作为一个复杂案例进行研究。由于几乎没有什么浮冰，维京人穿越北大西洋的难度可能会降低很多。格陵兰岛是欧洲贸易网络的终点，这些来自挪威的人口一旦在这里定居，就将陷入孤立，必须依靠当地的资源来养活自己。在中世纪的温暖气候中，他们设法做到了这一点。但随后的降温阶段，带来了更大的挑战。对格陵兰西部湖泊温度重建的结果表明，大约在850—1100年维京人移民期间，格陵兰岛普遍较为温暖。但在随后的80年里，那里的气温下降了4℃左右。

最近的一项研究对中世纪气候异常期时，格陵兰岛气候温暖的观点提出了挑战，并对气候变化在维京人定居格陵兰岛而后又将其遗弃的过程中所起到的作用提出了质疑。用于重建过去千年间冰川范围的高山冰碛沉积物表明，北欧人定居于此后不久，中世纪气候异常期开始，格陵兰西部的冰川仍处于小冰期阶段。冰川证据表明，当地夏季总体上比较凉爽，但不排除偶尔会有几年气候较为温暖。对从格陵兰冰芯获取的空气样本的温度估算也表明，在中世纪气候异常期间，格陵兰岛的温度较低。而大西洋另一边的气温则相对较高。这种温度对比——温暖的北大西洋东部和凉爽的北大西洋西部——通常发生在北半球涛动的正相位阶段，这正符合了北半球涛动对中世纪气候的驱动模式。

曾与北欧殖民者有过接触的图勒人，他们的经历也挑战了气候与人类迁徙之间可能存在相互作用的观点。由早期传统故事组成的北欧海盗传奇讲述了冒险西行的北欧人如何在遥远的西部与他们口中的斯克林斯人（野蛮人）遭遇的故事。这些野蛮人正是图勒人，今因纽特人的祖先。图勒人并没有长期定居于北美东北部。他们向东迁移的时间与维京人向西移民的时间大致相同。在维京人从北美迁出后，两者之间的接触并没有结束。图勒人迁徙到了格陵兰岛，并在北部定居。而维京人到达格陵兰岛的时间比图勒人或称因纽特人要更早一些。

今天的因纽特人（即图勒人）取代了北极和亚北极地区的早期居民。这些早期居民如今被称为古爱斯基摩人，在距今 6000 至 4000 年前迁入北美，晚于那些穿越白令海峡而来的早期移民。他们采用当时的先进工具：欧亚大陆的弓箭以及太平洋和白令海峡地区的猎人所使用的鱼叉，以打猎为生，穿越北方。他们生活在巴芬岛、哈德逊湾、拉布拉多、纽芬兰和格陵兰岛等地区。由于气候和林木线的变化以及印第安人在南部的竞争等原因，他们的定居范围时而会发生变化。然而，在 1200—1300 年，古爱斯基摩文化已经消失殆尽。直到最近仍有人认为现在的一些北极居民是古代爱斯基摩人的后裔，但基因分析显示，所有的现代因纽特人都是图勒人的后裔。我们无法找到古爱斯基摩人灭亡的确切原因，或许是源于疾病暴发、图勒人的竞争、暴力冲突，或许是其中一些因素和其他因素共同作用的结果。

大约从 1000 年前开始，图勒人开始向东迁移。图勒人

和维京人一样，都是技术纯熟的旅行者。他们利用犬拉动雪
橇，在雪原上疾驰，驾驶船只在海洋上破浪前行，这些船只
的船舷由海象皮制成。与维京人一样，驱动图勒人扩张的因
素是多种多样的。正如图勒人捕鲸是为了获取鲸脂，他们的
迁徙很可能是为了寻找一些原料，比如之前可以在与西伯利
亚的贸易中获得的铁。与维京人一样，相对温暖的气候可能
会减少图勒人迁移的困难，但也有证据表明北极高海拔地区
存在区域性降温的现象，这能够显示出图勒人面对区域性气
候变化的复原力和反应能力。

·· 温暖的欧洲 ··

在欧洲，中世纪气候异常期时的温暖气候得到了强有力
的证明。温暖的气候不仅使北大西洋东部的维京人受益，同
样还盛行于欧洲城邦和国家权力缓慢但却真正复苏的时期之
中。中世纪伊始，欧洲大部分地区的人口正处于急剧下降之
中，耕地被遗弃，政治权力分化。在早期后罗马时代之后，
国家权力以极其缓慢的速度开始复苏，但当时的复原水平还
非常低。例如，后罗马时代的不列颠地区，散布着许多王
国，而包括盎格鲁人、撒克逊人和朱特人在内的日耳曼民族
的迁徙更增加了这一地区的民族复杂性。君主统治出现在麦

西亚、诺森比亚、威塞克斯、苏塞克斯、肯特等国家之中。其中的一些君主，如威塞克斯的阿尔弗雷德大帝，积累了巨大的权力，开始自称为盎格鲁－撒克逊人的国王。在维京人的入侵中，盎格鲁－撒克逊的君主们损失惨重。在第一个千年结束时，英格兰由国王统治的传统已经牢固确立。

罗马帝国统治结束之后，高卢地区的法兰克领主确立了自己作为主要政治领袖的地位。公元前 5 世纪，克洛维一世建立墨洛温王朝。几个世纪之后，墨洛温王朝逐渐衰弱，最终宫相加洛林的家族接管了实权，窃取了王位。在加洛林王朝的统治者中，查理曼是最伟大的一位，他所建立的帝国疆域，不但覆盖了之前罗马控制下的意大利地区，还跨过德国莱茵河和易北河流域延伸到之前独立于罗马帝国的区域。查理曼于 800 年的圣诞节那天在罗马加冕为"罗马人的皇帝"。凭借这个称号，他试图将自己的王室与先前的帝国头衔联系起来，并宣称自己是拜占庭帝国即东罗马帝国皇帝的继任者。

皇权的重现时断时续且仅存在于部分地区。查理曼的帝国被他的继承者们瓜分。几个世纪以来，在英格兰、法兰西等地，君王们试图完全掌控国家的权力，但在当时的封建制度下，君主最大的支持者往往也是他们潜在的最大威胁。最终，由王室律法或司法制度所保障的中央权威被多个封建政权所取代，德意志和波罗的海等地的许多城镇都拥有了独立权。

加洛林王朝的例子显示，在罗马帝国灭亡后，国家权力并没有呈现出直线增长的趋势。直到 11—13 世纪的中世纪鼎盛期，欧洲国家的组织性才大大加强。王朝更加稳固，其中许多王朝与罗马晚期和后罗马时代的那些短命的蛮族王国相比，更加具有生命力。在君主和封建领主的统治下，乡村仍是当时的主要形态，但城镇的数量有了显著的增长，尤其是与中世纪早期相比。

北大西洋区域出现的中世纪气候异常可能为中世纪鼎盛期时欧洲国家权力的增长以及贸易和农业的扩张提供了有利的条件。一个王朝的运势往往会受到众多因素的影响，因而很难将王室的崛起归因于气候的作用。但中世纪伊始时的气候变化使得王室这一群体能够收集到更多的资源。在温暖的气候条件下，农业的推广为各国带来了更多的粮食盈余，可用于贸易和城镇的发展。在这种情况下，王室积聚了更多的奢侈品和专业人员以及更多的农业财富。

将气候因素纳入对这一时期的解读，并不会掩盖人类在其中所发挥的作用。农民的聪明才智以及他们所掌握的新技术提高了作物的产量。欧洲农民普遍采用由公牛牵引的铧式犁，这种犁非常适合在厚土中耕作。除此之外，他们也会选用其他样式的耕犁以适应不同类型的土地。新的耕作技术有助于在河床附近的硬质土中进行开垦和播种。而马束的发明则使得没有耕牛的农民也可以使用耕犁。作物轮作周期的调整以及制肥、施肥技术的普及，这些都进一步提高了农作物的产量。

与农业生产相得益彰的气候条件，强化了这些改变的效果。气候温暖时期，即使在高海拔或高纬度地区也可以进行耕作。人们有时会把葡萄当作研究气候的代用指标。适于酿酒的葡萄品种在极低的温度下很难存活。令人震惊的是，英国的葡萄园在1100—1300年发展得十分兴旺。尽管这可以解释为种植者专业技能的提高、消费者口味和需求的变化等，但区域变暖也确实给葡萄种植带来了益处。除此之外，农业向高海拔地区延伸也能够有力地证明气候变暖改善了种植条件。人类定居点扩散到了挪威海岸等更加遥远的北部寒冷地区，以及瑞典斯堪的纳维亚半岛北部原先萨米人居住的区域。萨米人是以放牧驯鹿为生的半游牧民族，在英语中也被称为拉普人。

农耕的推广促进了欧洲人口的显著增长。尽管粮食产量的增长并没有消除饥荒的威胁，但人口的总体增长规模仍令人震惊。在经历了罗马晚期的人口骤减之后，欧洲的人口数量在1000—1340年间增长了一倍多，从3000万激增到7000万~8000万。这种增长并不仅仅源于气候变化的影响，社会及文化潮流包括平均结婚年龄的变化等，都会影响人口的增减速度。尽管目前缺少关于中世纪平均结婚年龄的完整记录，但平均结婚年龄确有改变的可能。如果真的如此，那么可以推断正是文化因素和气候条件的共同作用，引发了欧洲人口数量的增长。

在中世纪气候异常期时，欧洲的耕种面积扩大。早在欧洲人在全球范围内建立殖民地之前，他们在欧洲内部的殖民就已经开始。随着殖民进程的发展，不列颠东部、约克郡北部和威尔士等地的沼泽和低地中也发展起了农业。威尔士被殖民的历史可以追溯到盎格鲁－撒克逊时代，但新盎格鲁－诺曼的精英们所主导的殖民化则更加广泛。事实上这些殖民者中有一部分是弗莱芒人，但绝大部分还是英国人。有时，新来的殖民者会驱逐当地的土著居民，但他们并非是简单地占领土地，而是把农业活动推广到了那些未耕种的区域。新的英文地名和契约书反映了这一进程。

12世纪，盎格鲁－诺曼人开始了对爱尔兰的殖民统治。1155年，教皇阿德里安四世颁布教皇训谕，支持英格兰国王亨利二世接管爱尔兰。1169年，盎格鲁－诺曼人的武装以支持内战中的一方为由进入爱尔兰。1171年亨利二世亲临爱尔兰。诺曼人侵入爱尔兰并开始定居于此。1185年，约翰王子在沃特福德登陆，盎格鲁－诺曼的贵族们在爱尔兰奠定了自己的基业，尽管当时爱尔兰的大部分人口仍是盖尔人。12世纪末至13世纪初，盎格鲁－诺曼人新开发的定居地吸引了英国殖民者的注意。盖尔人的势力在中世纪后期有所反弹。到了现代欧洲早期，英格兰殖民势力又卷土重来，对爱尔兰发动了新一轮的入侵和殖民。

在中世纪，欧洲许多地区的耕种面积都有所扩大。许多低地国家，如今荷兰及比利时的大部分地区以及英格兰、法国、德国和意大利的沿海地区和沼泽地带，都经历过一段排水造田的时期。在荷兰，对泥炭沼泽进行开垦的第一步，是要对其进行排水处理，但由于土地体积的缩小，新开垦出来的土地很容易受到洪水的侵袭，因此必须进一步开展运河和堤坝的建设。到了现代早期，荷兰农民的后代面临着两难的选择：要么放弃再生的泥炭地，要么进行更加劳民伤财的庞大建设工程。中世纪时，凭借着在土地开垦方面的专业知识，荷兰人在自己中欧和东欧的殖民地上进行了类似的造田工程。他们加入到移民的浪潮中，向东进入普鲁士的部分区域，即今天的波兰境内。

欧洲东部曾爆发大规模的移民潮。在罗马帝国时期以及西罗马帝国灭亡之后，日耳曼人大量向西迁徙，但在中世纪鼎盛时期，日耳曼人迁徙的方向转向了东方。1107年或1108年发布的《马格德堡宪章》，向移民发出呼吁，一面宣称这些"异教徒"（东方的异教徒）"非常恶劣"，一面也强调到达那里的人将获得财富，因为那是一块"满是肉类、蜂蜜、谷物和鸟类"的土地。移民将获得精神和物质上的双重回报，"你的灵魂将得到救赎，如果你愿意的话，还可以定居在这片乐土之上"。在宗教武装（如大名鼎鼎的条顿骑士团）的领导下，殖民运动一路推进到今波罗的海流域各国的土地上。在波罗的海沿岸及内陆森林，日耳曼人在与异教原住民的战斗中取得胜利，在包括今拉脱维亚首都里加在内的区域，建立了定居点。

随着向东不断迁移，许多地区都留下了日耳曼人的踪迹。他们在波兰、波西米亚和匈牙利等地建立了殖民地或飞地。13世纪，日耳曼人城镇的数量增加了一个数量级。直至14世纪，他们移民的步伐才开始放缓。尼德兰和弗兰德斯的定居者也加入到向东迁徙的队伍中。有时，当地的统治者或贵族会邀请一些具有专业技能的人前来定居。例如，日耳曼人定居于特兰西瓦尼亚最初就是受到了国王格扎二世的邀请。直至今日，在包括特兰西瓦尼亚（今罗马尼亚境内）在内的一些地区，仍有少量的日耳曼人生活在那里。中世纪时，日耳曼在东欧拥有广阔的殖民地。但这一点却很容易被忽视。在第二次世界大战结束后，大多数殖民地上的德国人或是逃离，或是被驱逐出境，形成了现代欧洲历史上最大的一次强制移民潮。

欧洲移民的足迹一直延伸到近东地区。1095年，为了援助拜占庭帝国并占领耶路撒冷，在教皇乌尔班二世的召集下，第一次十字军东征开始。骑士们拿起武器成为武装朝圣者，向东到达叙利亚和巴勒斯坦。1099年，拉丁基督教世界的武装力量向耶路撒冷发动袭击。在第一轮的攻击被击退后，他们又发动了新一轮的围攻，最终占领并洗劫了耶路撒冷。十字军建立了一系列王国。1144年，十字军建立的埃德萨伯国倒台，拉丁教会的力量有所削弱。为了扭转这一局面，1145年教皇宣布发起第二次十字军东征。1187年，萨拉丁夺取耶路撒冷。为了收复失地，十字军开始了第三次东征，但最终铩羽而归。

近东地区之所以会进入十字军东征的时代，是受到宗教动机的驱使，但十字军东征同样也受到气候因素的影响：一方面，在中世纪气候异常期，农业和人口的普遍增长为西欧及中欧地区拉丁教会的壮大创造了更大的潜力；另一方面，在第一次十字军东征前的几年间，他们可能遭遇过突如其来的恶劣天气。而一旦到达近东，十字军也会面临因装备不良而无法应对当地气候的困境。

·· 亚洲水文气候 ··

中世纪鼎盛期时的气候条件，绝非总是有利于各地作物的种植和推广。例如，11世纪晚期，就在第一次十字军东征之前，拜占庭皇帝阿历克塞一世曾在严冬之中屡次遭遇突厥部落的侵扰。在10世纪的相关记录及一些编年史中，描述了地中海东部、埃及、安纳托利亚和伊朗等地出现的极端气候条件。例如，伊朗伊斯法罕市的一部编年史中写道，942—943 年天降暴雪，"以致人们无法出行"。然而，只凭一份或一系列有关恶劣天气的报告，并不足以说明气候确实发生了变化，从古至今都是如此。因此，从 2015 年 2 月开始，有关北美东部地区普降大雪的一系列报道并不能真实地反映出当时全球范围内冬季普遍温暖的整体气候趋势。尽管随着时间的推移，当时的报告能够为这种超出正常变化范围的论点提供更有说服力的支撑，但气候代用指标却展示出一幅更为复杂的图景。从记录上看，当时尼罗河的水位很低。包括树木年轮在内的多种气候代用指标显示，11 世纪中亚大草原异常寒冷，曾有历史学家用"大寒"一词来形容当时的状况。而与此同时，伊朗和安纳托利亚东部则处于干燥之中。有关安纳托利亚东部和巴尔干半岛南部的记录则更为复杂，尽管没有出现显著的降温，湿度也处于平均水平，但从 12 世纪晚期开始，地中海东部却变得越来越干燥。

300—900 年间，干旱发生的次数很少。到了 10 世纪中叶，尼罗河的水量变得不再稳定。在 950—1072 年间，干旱发生的频率是之前几个世纪的 10 倍。在这 125 年左右的时间里，尼罗河有 27 年处于低水位期。水位过低导致尼罗河水无法导入运河之中，影响了农业灌溉。与中世纪总体水文气候模式一样，尼罗河水量的波动也会受到厄尔尼诺 –

南方涛动以及北方涛动变化的影响。热带辐合带的季节性迁移驱动着埃塞俄比亚高原季风降水量的变化，从而对尼罗河水量产生重大影响。由于持续处于拉尼娜气候条件以及北方涛动的正相位之下，尼罗河流域水量不足，饥荒频发。

尼罗河水量的减少，不仅给埃及带来了灾难，也损害了埃及周边的许多社会。这些社会依赖埃及的粮食生产所提供的盈余。在这种情况下，饥荒成了社会混乱、军事叛乱和政治崩溃的诱因。就埃及自身而言，阿拔斯王朝统治下的短暂复兴走到了尽头，取而代之的是法蒂玛王朝。拜占庭帝国利用此次危机，短暂地占领了一些几个世纪以来从未染指过的区域。1024 年或 1025 年，法蒂玛王朝的统治者下令扣押运输途中的粮食，同时开仓放粮，以此来应对新一轮的干旱。1065—1072 年，埃及灾祸连连。名存实亡的法蒂玛统治者还必须竭力控制他们手下的突厥士兵。11 世纪晚期，拜占庭帝国面临着多重威胁，粮食盈余减少。同时，帝国不断遭受半游牧民族（佩切涅格人等）的攻击。1049—1050 年间，拜占庭帝国失利。货币贬值削弱了这支曾经强大的军队，最终在 1071 年的曼齐克特战役中，被塞尔柱突厥人所击败。

汹涌的寒潮给中亚地区带来了巨大挑战，从拜占庭帝国到波斯，再到更远的东方无不受其影响。寒冷的气候促使中亚的牧民移居他处。佩切涅格人、乌古斯和塞尔柱突厥人向西迁移。根据一种说法，伊朗依靠棉花种植在当时已经繁盛起来，但随着寒潮的降临，北方棉花产量下降，而半游牧民族也于此时进入伊朗。史料中记载了发生在 1040 年的骚乱、饥荒和严寒所造成的影响："尼沙布尔不再是过去我所熟悉的样子：废墟遍地，因饥饿而死的人……不计其数……天气寒冷刺骨，生活变得越来越难以忍受。"伊朗动乱带来的移民浪潮推动了波斯文化在南亚的传播。突厥人的势力在伊拉克和安纳托利亚地区有所增强。白益王朝在巴格达的统治垮台。在一段时间的内战后，塞尔柱突厥人最终于 1060 年夺取了巴格达的控制权。

在中亚当时的气候条件下，牧民们居无定所，四处迁移。这种气候变化模式，与罗马帝国晚期出现的干旱—迁徙周期有着很大的相似之处。这两个例子中，我们都可以找到很多因素来解释移民现象的出现以及城市和复杂社会的统治者所遭受的失败。尽管如此，寒冷和干燥的气候条件仍可能是导致罗马时代晚期以及 11 世纪时游牧民族和半游牧民族向西迁徙的首要原因。另一种解释指出，在寒冷的气候条件下，突厥人将其饲养的单驼峰雌性骆驼与双驼峰雄性骆驼进行繁殖，从而得到一种更适合在丝绸之路运输货物的骆驼品种。单峰骆驼的抗寒能力差，因而在寒冷的气候条件下，饲养骆驼的牧民们不得不向南迁徙。

·· 干旱与唐宋两代 ··

　　在东亚，受气候波动的影响，中国进入了新一轮的王朝兴衰期。与西罗马帝国灭亡后的情景不同，汉朝的灭亡并没有结束帝制在中国的延续。581 年，另一个强大的王朝——隋朝诞生。北方军事将领杨坚在夺取了北方的政权后，又于 6 世纪 80 年代统一了南方。隋朝是个短命的王朝，于 618 年灭亡。而其后的唐朝，以中国中北部城市长安为都城，国力强盛，经济繁荣。长安是当时的政治、经济中心，拥有众多的宗教圣地和庙宇。8 世纪时，长安的人口已达到 100 万左右。

　　唐朝的兴盛得益于广泛的区域及长途贸易网络。沿着丝绸之路，贸易和交流蓬勃发展。丝绸之路穿越沙漠，一直向西深入中亚。佛教徒、基督徒和犹太人在丝绸之路上通行。佛教在唐朝时成为中国的一大主流宗教，然而在唐朝晚期，佛教徒却遭到了武宗皇帝的迫害。

　　隋唐两朝处于 551—760 年的温暖时期。8 世纪中叶，唐朝开始衰落。唐玄宗（唐明皇）对政局的误判直接点燃了危机。皇帝任命突厥人为指挥官来守卫边境，扩大中国的势力。其中一位名为安禄山的节度使，逐渐发展起自己的势力。755 年，安禄山叛变，皇帝被迫逃往四川。唐王朝在这次叛乱中幸存下来。而内部冲突的爆发则标志着晚唐时代的到来。840—846 年，唐武宗在位期间，灭佛运动兴起，大部分的寺庙被关闭，财产也被没收。那一时期，地方藩镇的势力愈加难以控制。唐朝在经历多次叛乱之后，最终于 907 年灭亡。

与前文中提到罗马帝国和中国汉朝的例子类似，如果从政治和军事的角度对唐朝的衰落进行解释的话，那么气候变化仅仅只能被视为一项背景因素。然而，随着 9 世纪沙漠化的加剧，晚唐时期的气候问题变得更加突出。当地的石笋记录了当时的气候状况。在 190—530 年期间夏季风强烈，随后开始逐渐减弱，直到 850 年。在随后的一段时间里，夏季风仍然疲弱，甚至还出现过几次极端最小值。这种情况一直持续到 940 年。这一系列的季风变化似乎与热带辐合带的南移有关，很可能是造成玛雅文明和唐朝衰落的原因之一。尽管中原地区与北方游牧民族之间的战争受众多因素的影响，而气候变化只是其中一，但总体来看，在如唐末那般寒冷干旱的气候条件下，游牧民族往往更容易取得胜利。他们通常会选择这样的时期南下，趁机向中原扩张。

唐朝灭亡之后，中国陷入了四分五裂的状态。但与汉朝覆灭后的分裂时期相比，唐朝之后的这段分裂时期要短得多。960 年，北方后周政权的将领赵匡胤统一了中国，建立了一个全新的王朝——宋朝。宋朝并没有试图在北部边境重建中央政权的权威。在那里，由半游牧民族建立的政权依然强大。宋朝没有向北或向西推进，而是依托黄河和空前发达的汴河水运定都开封。由于开封位于中国的北部，因而这一时期也被称为北宋王朝。

宋朝是一个异常繁荣的朝代，在其所属的时代中脱颖而出。宋朝的城乡人口均有所增长。1100年，宋朝的人口已经达到1亿左右，远远超过当时世界上其他任何一个国家的人口数量。许多城市的人口数都在10万以上，而开封和杭州这两座城市的人口均达到100万之多。除了稳定的政治制度、繁荣的贸易往来和显著的技术进步以外，气候状况也是促成这一增长的因素之一。稳定的降水是人口急剧增长的一项重要保障，而强劲的季风更为宋朝提供了有利条件。随着北宋的人口增至原先的三倍，水稻种植在中国愈加密集。

12世纪时，女真族的入侵导致宋朝丧失了中国北方的控制权。女真人分布在西伯利亚东部和中国东北的满洲地区，他们的语言为通古斯语，与蒙古语和突厥语都不相同。宋朝并没有就此灭亡，而是南迁至杭州建立了新的都城。尽管失去了大片土地，但南宋的经济依旧繁盛，许多领域都得到了发展。宋朝的人民不仅能够制作出精美的瓷器，还发明了活字印刷术，并对火药进行了改良。宋朝的军事工程师们甚至还发明了火器等新型武器。13世纪晚期，蒙古人的崛起最终结束了宋朝的统治。成吉思汗的孙子忽必烈入侵南宋。宋朝使用新型武器抵抗侵略者，但蒙古人也同样采用了宋朝的技术，甚至还赢得了一些宋人的支持。1276 年，忽必烈攻占南宋都城杭州，南宋王朝大势已去，而蒙古人在中国建立的元朝政权则得到了进一步的巩固。

·· 蒙古人与气候 ··

蒙古人的胜利源于他们强大的军事实力和有效的领导力，但同时也得益于蒙古地区良好的气候条件。从 13 世纪开始，蒙古人踏上了离开故地，向外扩张的征程，最终建立起一个广阔的王国。蒙古人具备高超的战斗技巧。男子在很小的时候就要开始练习骑术、攻击及狩猎。他们几乎从学会走路的那天起，就开始了骑马和射箭的练习。蒙古战士精于射术，配备复合弓，即使骑在马上，也能够射出致命一箭。他们骑马长途奔袭，战斗的组织性极强。1206 年，成吉思汗统一蒙古各部，他手下这些来自大草原的勇猛斗士很快成长为一支更加彪悍的军事力量。为了进行大规模的练兵，成吉思汗举办了一场大型狩猎活动。蒙古的猎人们将他们的猎物团团围住，就像他们在战争中包围自己的敌人那样。蒙古军队还懂得运用诈败的策略，假装撤退把敌人引诱出来，再进行攻击。

成吉思汗在世时，宋朝已经退居到了南方。在北方取而代之的是女真部落建立的金朝。1211年，成吉思汗入侵金朝。与此同时，蒙古人沿着丝绸之路向西推进，占领了包括撒马尔罕和布哈拉在内的古代贸易中心。1227年成吉思汗去世，他的继承者将蒙古的控制范围进一步向南方扩展。1279年，蒙古人吞并南宋王朝。同时，蒙古军队也继续向西施压。成吉思汗的孙子拔都洗劫了基辅，并在俄罗斯一带建立起金帐汗国，征收贡品，直到14世纪末才结束在那里的统治。再往西，蒙古军队于1241年到达匈牙利。在近东，成吉思汗的另一个孙子旭烈兀在1258年洗劫了巴格达，终结了阿拔斯王朝的统治。

尽管气候条件远非左右战争结果的唯一因素，但蒙古人的获胜却清楚地表明，气候波动很可能在他们扩张的过程中，起到了积极的推动作用。无论是干旱还是降水稳定期都会驱使游牧民族进行迁徙。对蒙古中部树木年轮的记录进行分析，发现在中世纪气候异常期期间曾发生过几次大干旱，尤其是在900—1064年、1115—1139年以及1180—1190年之间。最后的这一时期，恰好与成吉思汗征战的早期相吻合，当时蒙古政治正处于一个非常不稳定的时期，干旱的气候条件可能是帮助成吉思汗掌控权力的因素之一。中亚地区的凉爽气候逐渐结束，气候开始回暖，并在13世纪的第一个十年中达到顶峰。在1211—1225年期间，还出现过一段较长时间的密集降雨。这些记录表明，在蒙古人扩张之时，当时的气候条件与其他时期相比，总体上处于一个更加温暖湿润的时期。

无论是罗马帝国、中国汉代还是中世纪的欧洲，有利于农业生产的气候条件对政权扩张都起到了积极的促进作用。对蒙古人来说，马匹是一种十分重要的物资。蒙古马以强壮耐劳著称。跨越千里开展军事行动需要大量马匹，每名蒙古勇士都会同时配备好几匹马。13 世纪早期，蒙古地区温暖湿润，为马匹饲养提供了良好的条件，蒙古人的实力大大增强。

在征战途中，蒙古人还必须为马匹准备充足的口粮。如果不能给这些马匹提供充足的补给，蒙古人的战力就会削弱。在蒙古人和其他半游牧民族向南亚和东南亚南迁的过程中，这一问题始终是他们的软肋，因而也可以说，正是气候条件决定了蒙古人的势力可最终到达的边界。

·· 东南亚的扩张 ··

在欧洲处于中世纪之时，中国以南地区良好的气候条件促进了那里各个主要国家和复杂社会的扩张。950—1250 年前后，强季风在东南亚占主导地位，与农业生产相适宜的气候条件推动了东南亚几国的发展，其中包括定都吴哥的高棉国、位于缅甸的蒲甘王国以及大越国。这三个国家的出现标志着当地第一次有了强大的土著国家，它们也因而被称为"宪章国"。

9世纪至15世纪，高棉帝国是东南亚地区的一大强国。在其鼎盛时期，高棉帝国的疆域远远超过了今天的柬埔寨。尽管如此，在阇耶跋摩七世于12世纪末13世纪初带领高棉人进行扩张之前，他们在与竞争对手（如居住在越南沿海一带的占族人）的较量中也曾遭受过失败。

建于高棉帝国时期的吴哥窟，至今仍是一个宏伟的考古遗址。12世纪上半叶，国王苏里亚瓦曼二世开始建造庙宇建筑群。"寺庙之城"最初是一个以印度教为中心的政治和宗教场所，但很快便转向了佛教。那里的庙宇的数量达到数百之多。供奉印度教毗湿奴神的中心塔高达约60米。寺庙群周围环绕着护城河。作为高棉帝国的首都，吴哥在当时可算一座巨型城市，人口多达75万。

位于今缅甸的蒲甘王国与柬埔寨的高棉帝国几乎同时崛起。其与佛教关系紧密，修建了数千座寺庙和佛塔。其中约有2000～3000个遗址保留至今，尽管其中许多已沦为废墟。蒲甘王国的首都聚集了成千上万的佛教僧侣，是佛教的主要中心，吸引了当时大批来自南亚和东南亚其他地区的访客。蒲甘王国的人口超过5万，周边还生活着成千上万的农民。随着人口的增长，蒲甘王国开始向外扩张。但凡宗教和农耕推广到的地方，都有他们所修建的佛教寺庙。

这一时期的越南历史也反映出国家权力的扩张。10 世纪，越南第一次从中国独立出来，被称为大越。11 世纪时，大越发展为一个强大的政权，定都于红河三角洲区域的升龙（今河内）。大越国在北方与中国抗衡，在南方则与今天已成为越南少数民族之一的占族人统治下的以印度教为主要宗教的地区开展竞争。与其邻国一样，大越国也经历了人口的迅猛增长，在 1000—1300 年间，从 160 万猛增至 300 万。

这些在柬埔寨、缅甸以及越南建立起的王国，它们的政权建设，农业扩张和人口增长受多种因素的影响。就大越而言，它们在北方与当时中国各方势力的关系以及先进技术的采用等都影响着自身发展的速度。另外，贸易的增加可能给这三个政权都带来了益处。随着交流和接触的持续增进，某些流行病得到控制，减弱为地方性疾病，从而降低了死亡率。

除了这些可能的原因之外，当时的气候趋势也有利于这些东南亚政权及社会的孕育和发展。在 12 世纪和 13 世纪晚期，经常会出现持续的强降雨天气。稳定的强降水推动了农业的发展，而农业的发展又进一步促进了蒲甘王国的扩张和建设。与此类似，强季风也给高棉的扩张和殖民带来了便利。相比之下，对于大越而言，气候和发展之间的关系更为复杂。与高棉和蒲甘相比，大越所处的区域更加湿润。丰富的降水可能促进了高地上人口的增长，从而不得不向红河三角洲区域迁移。

·· 美洲的洪水与干旱 ··

　　和世界上其他地区一样，美洲的复杂社会在全新世时也产出了大量的粮食盈余。500—1300 年间，该地区的气候呈现出变异性：长达数十年的干旱打断了总体温暖潮湿的气候趋势。尽管美洲复杂社会的悠久历史显示出它们对全新世的气候变化具有复原力，但许多文明和政权还是经历了更加突然的转变，有些甚至开始急剧走向衰落，出现了城市被遗弃的现象。在所有的气候变化中，尤以长期干旱的影响最大，对美洲的复杂社会构成了重大挑战。

　　在欧洲人进入美洲之前，北美洲复杂程度最高的社会之中，就有许多已经在几次气候冲击的影响下发生改变甚至被完全瓦解。直到今天，在美国新墨西哥州西北角的查科峡谷仍有一处在 12 世纪时被废弃的大型定居点的遗址。在前哥伦布时代，当时的人类在密西西比河、俄亥俄河沿岸以及美国东南部的许多地区都建立了被后人描述为"土丘"的定居点。位于现代城市圣路易斯附近的卡霍基亚就拥有 100 多座这样的土丘。11 世纪和 12 世纪早期，集约化的农业生产养活了这里成千上万的人口，然而，卡霍基亚却在欧洲人到达之前就被遗弃了。在更远的南部，西班牙的冒险家和征服者与玛雅人相遇，但玛雅人的世界已经遭受了严重的破坏。大型宏伟建筑的废弃引人注目，这一事实本身就会歪曲我们对美国社会发展的理解。干旱的确对某些特定区域产生了严重影响，但从总体上看，美洲各地的土著文化并没有因此而分崩离析。

玛雅人缔造了中美洲延续时间最长的社会和文化，其定居点主要集中在中美洲和墨西哥南部的农业区。最早的玛雅人定居点可追溯到公元前 800 年左右，在大约 500 年的时间里，玛雅人建造了更加精致的仪式中心，开展宗教活动。玛雅社会继续发展，在 200—900 年，即我们现在所说的古典时期，玛雅文明达到鼎盛。在从危地马拉和伯利兹经由尤卡坦半岛，再向西延伸到现在的恰帕斯的大片地带上，玛雅人建造了许多仪式场所和城镇，其中最著名的当数玛雅人的金字塔。在古典时期，为了养活相对庞大的人口，玛雅人采用了多种耕作方式，建造果园，开垦梯田和湿地。通过烧荒和灌溉，使土壤变得肥沃。他们还想方设法对森林进行开发，以获取更多的燃料。

历史上并不存在一个统一的玛雅帝国，所谓的玛雅文明实际上是由一系列的城邦所组成。古典时期，一些大型城邦的人口数量超过 5 万，其中最大的两个是蒂卡尔和卡拉克穆尔。位于危地马拉北部的蒂卡尔遗址中有五座巨大的金字塔，最高的一座高度超过 60 米。遗址中留存下来的象形文字讲述了邻邦之间的战争，记录下胜利与失败，然而这些年代久远的石碑、石板以及石柱上的记录，却在 869 年时戛然而止。

位于墨西哥坎佩切的卡拉克穆尔城邦在古典时期到来之前就已经存在，后发展成为古典时期最大的城市，人口达到 6 万人左右。他们所修建的金字塔高约 46 米。今天，在所有的玛雅遗址中，卡拉克穆尔遗址中保存下来的石柱最多。石柱上的铭文叙述了其与邻邦之间的复杂关系。这些城邦有些是卡拉克穆尔的附属，有些则是它的对手；同时还记录了卡拉克穆尔和蒂卡尔之间的战争。公元 7 世纪时，卡拉克穆尔曾战胜过蒂卡尔，但在 695 年，又反过来被蒂卡尔打败——这场战争的胜者将俘虏杀死，充为活祭。这些铭文记录终止于 10 世纪早期。当西班牙人到达卡拉克穆尔时，那里的人口只剩下古典时期人口总数的很小一部分。

当西班牙征服者到达美洲时，许多玛雅定居点已经沦为废墟。在之后的数个世纪里，玛雅遗址不断被发现。例如，1570 年，迭戈·加西亚·德·帕拉西奥在今洪都拉斯发现了科潘古城的废墟，其中不仅建有巨型广场、宽达 10 米的楼梯，还发现了近 2000 个象形文字。科潘王国的人口曾多达 2.5 万，在 9 世纪时走到了尽头。

与罗马文明的例子一样，关于玛雅文明崩溃原因的研究，得到了一系列的答案，还引发了对何为"崩溃"这一问题的争论。玛雅人在古典时期末期存活下来。不仅当时的西班牙探险者见到过玛雅人，时至今日玛雅人也依然存在。然而，被遗弃的定居点数量之多足以表明，在古典时期末期，玛雅社会的确曾遭受过重大的实质性破坏。人们在对其原因的探索中，提出了许多假说：地震、疾病、遗弃女童、贪图享乐、农民叛乱、入侵或在入侵者的驱使下被迫移民等。但这些解释大多都缺乏证据。除此之外，还有一种可能是玛雅城邦之间的战争。玛雅铭文的破译推翻了玛雅上层精英持有和平思想的观点。例如，伟大的蒂卡尔和卡拉克穆尔城邦之间曾爆发过长期的战争，他们各自的盟友也参与其中。玛雅主要城邦之间的战争持续了好几代人，因此，即使真的是战争导致了玛雅文明古典时期的终结，这个过程也是十分缓慢的。

今天的玛雅人口数量与当时相比，差距悬殊。古典时期玛雅城邦的发展面临着来自食物、燃料、水等各方面资源的巨大压力。在蒂卡尔和卡拉克穆尔，建筑工人在制造横梁时，放弃了曾经长期使用的人心果树的木材，转而使用其他替代物，这表明这些木材即将耗尽。此外，他们也不再使用石灰作为灰泥的原料。几个世纪以来，玛雅人已经证明了他们的强大的复原力，但多年的城市化和人口增长还是使得他们陷入物资短缺的境地。

气候变化引发干旱，与其他几个因素相互作用，导致玛雅文明古典时期的结束。一连串严重的干旱，对于一个已经达到环境承载极限的社会而言，无疑是雪上加霜。在长达数个世纪的时间里，玛雅人很好地适应了他们所处的自然环境，但过于庞大的人口和对森林的过度砍伐致使他们丧失了对干旱的复原力。玛雅城邦之间原本就有相互征战的传统，而干旱时期资源枯竭，反过来又增加了彼此之间发生战争的可能性。中心城市的条件不断恶化，一步步走向崩溃。此外，迁徙路线从内陆到沿海的转变，可能也促进了玛雅人的迁移。

玛雅人的历史显示出复杂社会对气候条件既有适应性也有依赖性。玛雅人适应了他们所处的地形和气候。在相当长的一段时间里，他们利用水、土地和森林生产出足够的食物，养活了密集的人口，甚至可以说，玛雅人的崩溃并不意味着彻底的终结——玛雅文化和社会还没有走到终点。反过来，也正是由于这种适应和创新的能力，玛雅人才能够在地形开发以及土壤、木材和水资源的利用中，给环境施加了更大的压力，从而造成古典时代晚期对干旱复原能力的下降。

玛雅文化虽然没有走向终结，但却发生了改变。在玛雅文化中，受气候变化冲击影响最大的当属贵族阶层。当西班牙人第一次遇见玛雅人时，玛雅社会仍在实行等级制度。

埃尔南·科尔特斯和他的手下们在尤卡坦海岸首次击败玛雅战士，之后他要求玛雅人的首领们前来觐见。这些首领给他带来了大批礼物，不但有黄金饰品，还有年轻的女奴，其中就包括马林切（又称唐娜·玛丽娜，她成为科尔特斯的情妇，并在随后征服墨西哥中部的过程中充当翻译，发挥了非常重要的作用）。王朝之间的战争和仇恨曾在古典时期玛雅象形文字记录中占据大量篇幅。然而，这些王朝似乎已经走到了尽头。那些为王室提供贴身服务或奢侈品的人也无法再延续他们之前的生活方式。一些等级划分比较简单的社会，如伊斯帕尼奥拉岛上的诸多社会，本可以更好地适应日益干旱的气候趋势，但他们却没有能力把大量粮食盈余集中起来加以利用。热带辐合带的转移也给中美洲南部带来了类似的压力。

尽管玛雅文明的最终崩溃可能是多种因素共同作用的结果，但干旱的发生极有可能动摇了玛雅文明的稳定。多项研究结果均显示出气候变化所带来的巨大影响。全新世早期，尤卡坦半岛的季风降水增加，湖水充盈。随着夏季日照减弱，该地区从3000年前左右开始变得日益干燥，并在800—1000年左右达到顶峰。而这一时段恰好与玛雅社会崩溃的时间相吻合。事实证明，当降水量减少了大约40%时，尤卡坦半岛和中美洲地区的玛雅城市受到了极大的影响。干旱最严重的区域，也是崩溃迹象最为明显的地区。尽管在之前的干旱期中，玛雅社会曾表现出强大的复原力，但随着社会复杂程度的加深以及干旱的加剧，玛雅社会逐渐难以承受。

这场与玛雅社会的衰亡息息相关的干旱可能是源于热带辐合带的移动。委内瑞拉北部卡里亚科盆地的海洋沉积物揭示了现代热带辐合带的迁移模式，可用来推断过去发生的变化。今天，热带辐合带的年际变化留下了清晰的明暗带，盆地中的沉积物在整个全新世中都保持着这种模式。在冬春旱季之时，热带辐合带位于南方，强劲的信风加强了上升流，而上升流反过来又可以促进藻类的生长。这些藻类随后成为颜色较浅的沉积物保存在盆地中。在北半球，每年当热带辐合带向北移动时，委内瑞拉的雨季来临，更多的深色沉积物从陆地被冲击到卡里亚科盆地之中。陆源沉积物中的钛浓度，记录了该地区热带辐合带的迁移过程。玛雅人生活在卡里亚科地区的北部和西部。卡里亚科沉积物记录中的热带辐合带移动也给尤卡坦半岛的玛雅城市造成了影响。750—900 年，玛雅人走向最终的崩溃，而这一时期沉积物中的钛浓度恰好处于低水平。钛浓度的极小值与当时的干燥事件相对应，曾出现在 760 年、810 年、860 年和 910 年左右，而这些年份正与玛雅崩溃的三相模型相一致。尤卡坦地区的钟乳石记录以及附近奇坎卡纳布湖的沉积物为干旱对玛雅人的影响提供了额外的证据。尽管如此，干旱究竟在多大程度上导致了玛雅文明以及其他中美洲文明的崩溃仍在争论之中。

水文气候对玛雅文化中心地带以外的中美洲社会也产生了影响。在墨西哥城以东，坎通纳市的人口在 700 年时约为 9 万人，他们向墨西哥湾的某些地区供应黑曜石。500—1150 年间发生的长期干旱，并没有立即对坎通纳产生影响，尽管当时来自其他干旱地区的移民确有可能已经进入到该地；但在 900—1050 年间——近 4000 年来最干旱的时期之一——该城的人口减少至区区 5000 人。

在哥伦布到来之前，降水量的重大变化给美洲大陆上的其他一些复杂社会带来了威胁。例如，以"筑墩"而闻名的密西西比河和俄亥俄河流域文化。西班牙的冒险家们曾发现过其中的部分土墩。1539 年，埃尔南多·德·索托决定开启一场探险，从西班牙已经征服的北部领土进入现美国境内。为了寻找土地和黄金，他在佛罗里达登陆，向北进入阿巴拉契亚山脉，再向西行，后于 1541 年到达密西西比河沿岸。德·索托于 1542 年去世，但他的一些手下成功回到了墨西哥城。西班牙历史学家奥维耶多·瓦尔德斯根据德·索托的秘书罗德里戈·兰耶尔留下的日记对他的行程进行了复原。从中我们得知，德·索托发现了密西西比文化遗留下来的大量土墩和土方工程。在今格鲁吉亚，德·索托和他的手下曾进入一座村庄，并在其中的一个土墩上立起一个十字架。在大约今南卡罗来纳州的卡姆登附近，一个名为塔里木科的地方，西班牙人发现了一座"极具影响力的村庄，礼拜堂修筑在一座高高的土墩之上，深受敬仰"。在穿越密西西比河以后，"基督徒们把十字架立在了一座土墩上"。

在沿途的冲突和战斗中，德·索托和他的手下杀死了许多当地人，他们自己也损失惨重。他们还发现，当地一支土著民族的居民身体衰弱，人口锐减，而造成这种状况的罪魁祸首正是西班牙人传播到美洲的疾病。这清楚地说明这种疾病的传播范围已经超过了西班牙人的流动区域。德·索托及其手下所携带着的欧亚大陆上的传染病有了新的传播途径。在墨西哥及其他一些地区，缺乏抵抗力的土著居民因此而大量死亡。一种观点认为，大量人口的死亡严重削弱了处于密西西比文化晚期的本土社会。从此，建立在高高隆起的土墩之上的庙宇不再是重要的政治和宗教场所。

新旧世界之间由"哥伦布大交换"所引发的流行病给许多美洲土著居民带来了痛苦、疾病和死亡，但当地复杂社会的萎缩不能仅仅归因于征服者所携带的疾病。事实上，德·索托和他的西班牙探险者们所遇到的密西西比文化，在与欧洲人第一次直接或间接接触之前就已经遭受到了挫折。中世纪气候异常期时的温暖气候可能对密西西比文化以及位于今美国东南部的居民点的扩张起到了积极作用。12世纪早期，卡霍基亚及其附近地区的人口数量达到顶峰。随后，人口密度开始下降。到14世纪时，密西西比文化的居民已经完全离开了卡霍基亚以及他们在俄亥俄和密西西比河谷的其他定居点。13世纪初，居住在伊利诺斯州南部金凯德附近土墩上的居民数量达到顶峰，但到了1300年左右，土墩的建造终止，定居点也在1450年左右遭到遗弃。密西西比和俄亥俄河谷的许多定居点都以这种相同的模式被废弃。

由于资料匮乏，重建密西西比河文化的完整历史困难重重。气候研究表明，严重的干旱或洪水等水文气候方面的变化，或许给"筑墩人"带来了压力。一种解释认为，发生在12世纪中期至13世纪早期的长期干旱削弱了"筑墩人"的社会。周而复始的干旱破坏了卡霍基亚地区的集约化农业。地下水位的下降以及降水的减少，则对维持相对密集人口的必需品——玉米的集约种植带来了威胁。不仅如此，干燥还会使鱼类的数量减少。这种气候趋势尽管不会使密西西比河流域所有的定居点都走向崩溃，但它却动摇了那些人口数量最多，对适宜农业发展的气候条件具有更大依赖性的定居点。与此不同，另一种解释认为，在干旱期即将结束时曾发生过大洪水，给这些社会造成了损失。对沉积物岩心的研究表明，卡霍基亚文明出现在洪水较少的时期，后随着洪水的加剧而走向衰落。

水文气候变化所造成的影响，因社会类型和具体区域的不同而有所差别。位于宾夕法尼亚州莫农加希拉河谷中的一些定居村落，它们的形成和改造，似乎从来就没有受到任何大范围长期气候趋势的影响。像卡霍基亚这样大型遗址的废弃，在密西西比文化中表现得最为集中。那些从大规模粮食盈余中获益的宗教和政治精英们，可能会发现自己的作用并没有那么关键。事实上，遗址遭到废弃这种结果本身并不意味着某种文化的彻底崩溃或灭绝。

干燥和降水的变换对人类定居点最脆弱的地区（如美国西南部等）造成的影响最大。发源于今美国新墨西哥州的一个复杂社会的历史很好地说明了这一点。该社会在与欧洲人接触之前，就已经发展到了一定的水平。从 800 年开始到大约 1150—1200 年期间，该文明在新墨西哥州西北角的查科峡谷建造起一个庞大而复杂的定居点。

这些查科峡谷的开发者们设计并建造了许多大型的多层石屋。尽管确切的人口数量难以估计，但居住在中心地带的人口可能多达数千。居民沿着道路又另外建造了许多宏伟的房屋。如今这些道路已经废弃，仅凭肉眼无法辨识，但却可以利用卫星图像进行追踪。在查科峡谷的物质文化中，绿松石得到了充分的应用。目前，已从该地区挖掘出了大约 20 万块绿松石。其中有些来自当地，有些则是通过贸易获得。查科峡谷的贸易网络一直延伸到今科罗拉多州、加利福尼亚州和内华达州一带。

尽管缺少像玛雅文化中那样有关精英阶层的文字记录，

但从墓葬的模式中可以看出，查科峡谷中存在着一种森严的
等级制度。在查科峡谷中，有一处被称为波尼托的地方，是
峡谷中最大的一处房屋群落中。从那里发现的陪葬品中含有
成千上万颗绿松石珠子。其中一个小房间里的绿松石物品竟
然不少于 2.5 万件。一些容器中甚至还留有可可豆的痕迹，
而这些可可豆只有通过长途贸易才能获得。

为了维持他们的复杂社会，查科峡谷的居民们使用了多
种方法以获得水资源并进行储存。峡谷的地理位置与地下水
位接近。此外，峡谷居民以及附近的社区还利用水坝和运河
进行引流和蓄水。小型水坝拦截径流并将水引入运河。他们
还拥有几座大型水坝，其中的一座石坝长约 40 米。充足的
水源推动了豆类、玉米和南瓜的种植。

作为一处主要的人口聚集地，查科峡谷的历史在 12 世
纪时走到了尽头。所有幸存下来的人都离开了这里，那些宏
伟的建筑也被遗弃。在查科峡谷的个案中，"崩溃"一词的
使用依然引发了争议，就像在之前的数个个案中看到的那
样。按照对这个术语的一般性理解，我们可以说，查科峡谷
崩溃了。假如伦敦、纽约或上海的居民抛弃了这些大城市，
只留下那些终将倒塌的建筑，我们可能也会动用这个词。然
而，查科峡谷的终结并不一定意味着那些可能已经迁移到其
他西南地区的人口也会灭绝。除了查科峡谷的居民以外，
13 世纪晚期阿纳萨齐族也离开了他们曾经栖身的科罗拉多

州南部的梅萨维德地区，开始向南部和东部迁移。这一举动代表着那些建造在悬崖边上的精美悬宫在 1300 年左右，被它们的建造者们遗弃了。

为什么普韦布洛人的祖先会在 12 世纪晚期迁离查科峡谷，又在 1300 年左右遗弃了著名的悬宫呢？有人将这一切归因于战争，但却缺乏充分的证据，尽管在一些废弃的阿纳萨齐遗址中发现的尸体遗骸表明他们死于暴力，甚至还可能发生过人吃人的惨剧。另一种解释认为，虽然目前还不清楚那些令人印象深刻的遗址被遗弃的具体原因，但绿松石贸易的改变可能给那里的人类文化带来了经济方面的损失。除此之外，还有一种假设认为，有关宗教仪式的争议导致了意识形态的崩溃，但目前并没有任何记录可以证明这一假设。

查科峡谷是其所处的干旱区中人口最为密集的区域，那里的居民可能对有限的资源（如木材、水等）施加了太大的压力。查科峡谷中的建筑多为木梁，因而有理由怀疑可能存在着过度砍伐的现象。一种观点认为，查科峡谷的居民消耗了太多的木材，破坏了他们赖以生存的土地，但目前对于木材的来源和毁林的速度仍存在争议。不管查科峡谷的居民是否砍伐了过多的树木，他们都将面临着一系列严重而漫长的干旱。在本就已经十分干燥的地区，气候的这种波动对当地的粮食供应而言，无异于雪上加霜。

虽然我们无法重建查科峡谷被遗弃的过程，但气候变化

无疑是该人口中心消亡的一个重要原因。几个世纪以来，该
地区居民已经在应对长期干旱的过程中，展示出了他们强大
的复原力。但这一系列严重的干旱还是对这个庞大的人口中
心，带来了严峻的挑战。

·· 南美洲的水文气候 ··

在整个前哥伦布时代，南美洲西海岸的社会始终保持着
善于蓄水和引水的悠久传统。至今在安第斯山脉中的巨型高
山湖泊的的喀喀湖附近，仍有蒂瓦纳库帝国（500—900 年
间达到鼎盛）的运河系统遗留下来的沟壑。1100 年至 15
世纪晚期，秘鲁北部海岸曾经存在过一个名为奇木的重要文
化。奇木人成功地适应了各种气候变化，包括洪水和干旱。
溢流堰减弱了高水位带来的破坏。奇木文化后期的建筑，多
选址在不易受洪水影响的区域。与洪水相比，干旱带来的危
险可能更大。奇木人建造了渡槽及其他灌溉网络。除了利用
这些水利工程之外，智利北部等地的社区还通过更换作物品
种、翻耕土地、扩大贸易等多种途径，来应对环境变化带来
的风险。

在南美洲西部，人类分布广泛，活动频繁，这表明气
候波动本身并不会导致毁灭，但复杂社会仍不得不面对干湿

两季的转换。例如，居住在秘鲁南部海岸的纳斯卡人尽管已经适应了干燥的环境，但丰沛的雨水仍使他们受益。在大约公元前 800—公元 650 年期间，该地区的降水出现增长。650—1150 年，今玻利维亚和秘鲁交界处、的的喀喀湖以东的地区降水增加。在 1150—1450 年期间，纳斯卡地区的降水量再次增多。

关于气候变化对南美西部复杂社会可能造成的影响，人们一直存有争议。在秘鲁北海岸，复杂社会莫西的灌溉系统被覆盖在沙漠之下，其都城在 6 世纪时遭到遗弃，整个社会向东迁移到地势较高、水分更加充足的内陆地区。有人指出，莫西文化的迁移可能是由气候向干旱期转变所致。而另一种不同的观点则认为，社会变革才是最可能的关键因素。除此之外，还有一个例子也可以用来说明气候变化对南美洲的影响。11 世纪时，的的喀喀湖流域进入到一段漫长的干旱期中。在此之前，这一地区的提瓦纳科社会已经历了几个世纪的繁荣。作为帝国的都城，提瓦纳科拥有许多仪式场所，包括寺庙和金字塔等，周围有梯田环绕。这个庞大而复杂的社会在 11 世纪和 12 世纪时逐渐衰落并最终走向终结。一种观点认为，正是降水的减少导致了提瓦纳科社会的衰亡。而另一种相反的解释则坚持，提瓦纳科的命运与农业方面的变化没有丝毫关联。

尽管相关性并不能证明气候冲击直接导致南美洲西部的

政治和社会变迁，但遗传学证据却能够证明移民现象与气候变化相关。对公元前 840—公元 1450 年间秘鲁南部人口的 DNA 样本进行研究，结果显示，这个时间段内出现过两次大迁移：一是在纳斯卡文化晚期，从沿海峡谷向安第斯山脉中部迁移；二是 1200 年左右，瓦里帝国和提瓦纳科帝国灭亡后，大量居民迁移回到沿海地区。就秘鲁高地上的瓦里帝国来说，其灭亡时间在 1100 年左右，恰处于 900—1350 年间的漫长干旱期内。瓦里时代晚期，暴力伤害频发，食物减少，帝国陷入危机。尽管导致这场危机的最直接原因是内部冲突，但干旱无疑也加剧了帝国所要面对的这些挑战。

在一段漫长的时期内，南美洲西部出现了多个复杂社会。就在西班牙人即将征服美洲大部分地区之时，印加文明沿着安第斯山脉崛起。在多种因素的促进下，印加人征服并吸纳了周边的许多势力，逐渐建立起一个绵延 2000 多英里的帝国。即使正处于暖期，凭借其强大的军事能力和外交手段，印加人的疆域也在不断扩大——他们有可能已经进入到更广阔的高海拔区域。

·· 小结 ··

对古典时代（即"轴心时代"）欧亚大陆上最强帝国毁

灭后的气候条件和人类历史进行研究，结果揭示出区域气候变化的潜在影响。强有力的证据表明，欧洲中世纪鼎盛期时气候温暖，适宜的气候与欧洲人在欧洲大陆内部以及北大西洋上的扩张之间确有相互作用。包括中亚、中美洲在内的其他区域以及今美国内陆和西南地区的区域变化也可以说明，气候变化特别是水文气候的变化限制了复杂社会的发展。全新世时，人类社会对气候变化的复原力有了显著提升，但复杂国家的资源储存能力仍然不足以使它们应对漫长的干旱时期。

在最近关于气候变化的讨论中，中世纪气候异常期被人们频繁提及。尤其是在攻击气候变化科学以及人类活动已成为引发气候变化的主要因素这一结论时，更是会经常涉及中世纪暖期。一种观点认为，与中世纪气候异常期时的温暖程度相比，目前的全球气温以及气温变暖的趋势并不显著。这些主张所依赖的证据并不牢靠，例如他们提到英格兰和北美文兰两地的葡萄种植，与其他许多作物一样，葡萄栽培可以作为气候变化的多种指标之一，但除了气候条件之外，葡萄种植还取决于其他多种因素的影响。购买者口味的变化或来自其他葡萄种植区的竞争压力等，完全可能使得农民改换葡萄品种或干脆改种其他作物。与此类似，他们所引用的维京人与文兰（甚至可能与葡萄藤有关）或格陵兰岛的命名等例子，也都缺少关于当时气温的确切记录。

除此之外，以中世纪气候异常期为例来试图消解工业革命以来人类活动对气候影响的关键作用，这其中还忽略了另外一个问题——中世纪时期的气候变暖很可能是区域性的。虽然一些地区可能和今天一样温暖，但总体而言，当时的气候变暖具有区域性和非同步性的特征。气候的区域表现与内部气候变异（如厄尔尼诺－南方涛动以及北大西洋涛动）相一致，可能是太阳辐照度的轻微增加所致。

总之，中世纪温暖期不能作为驳斥人类活动迫使气候变化这一观点的逻辑证据。当时的人类从事农业生产，也有许多经济体，其中一些需使用泥炭或煤炭作为燃料，但那时还没有发生工业革命，没有内燃机，更不存在化石燃料开采和燃烧的对数增长率。中世纪期间所有气候变化的原因都与今天不同。

❺

小冰河期

· 小冰河期的气候条件

· 北大西洋的小冰河期

· 欧洲的小冰河期

· 东亚的小冰河期

· 热带地区的小冰河期

· 17世纪的危机

· 中国的17世纪危机

· 小冰河期的北美殖民进程

· 对文化及社会的影响

· 适应

· 小冰河期气候突变

· 小结

在中世纪气候异常期结束后的几个世纪中，曾出现过一次复杂的降温过程，在总的降温趋势中，个别区域又出现了几次更为显著的寒冷时期。这段时期影响了人类历史的发展，在史学及科学文献中被称为小冰河期。虽然确切的降温时间和降温强度各不相同，但受其影响的人类社会的分布却十分广泛，尤其是在欧洲和北大西洋沿岸地区以及亚洲和北美各地。

在小冰河期中最明显的降温阶段，世界上许多地区的社会和国家都面临着严峻的挑战。与此同时，不同社会对小冰河期的反应差异很大。近代一些较为繁荣的人类社会表现出了极大的复原力。另一些社会历经危机，但仍在不断寻求适应和发展，直至寒冷时期成为遥远的记忆。还有一些社会分布在更容易受寒冷影响的地区，它们则面临着更加严峻的威胁。

本章的案例研究表明，小冰河期在北大西洋和欧洲的影响力很强。事实上，许多与之相关的早期文献的焦点都集中在这些地区。在北美，欧洲殖民的开端始于小冰河期期间。除此之外，对小冰河期及其与人类历史的相互作用的研究已经扩展到欧亚大陆上一些主要社会，从奥斯曼帝国到中国都在其内。

·· 小冰河期的气候条件 ··

在关于欧洲冰川生长情况的历史文献中，尤以 17 世纪晚期至 18 世纪期间的记录最为详尽。这些文献为出现在第二个千年后半期中的更加寒冷的时期提供了一些初始证据。虽然在 1300—1850 年间，北半球普遍较冷，但这个"小冰河期"实际上并非全球同步，也不是一个连续不断的过程。有记录显示，欧洲最冷的时期出现在 17 世纪，但北美洲的部分地区直到 19 世纪才出现气温的最低值，而在这段时间里，东亚则一直处于持续的低温之中。当时的气温似乎比前几个世纪更低，显然也比今天要低。温度记录的复杂性引发出一种观点，即寒流并不能等同于明显的降温趋势，甚至还导致了对小冰河期这一概念本身的怀疑。然而，正如历史学家山姆·怀特在回应中所说的那样，"目前尚没有任何实质性的质疑涉及发生于大约1300—1850年间的全球性降温以及其对人类产生重大的影响"。

"小冰河期"这一术语，尽管容易使人产生联想，但并不意味着又一次冰川极盛期的出现。许多记录都清楚地记载了小冰河期的降温幅度为1℃或2℃。相比之下，当冰川极盛期来临时，平均气温可下降多达10℃左右。

为了确定小冰河期的成因，气候科学家分析了包括太阳辐射和火山活动在内的诸多外部因素。从几十年到几个世纪不等的时间尺度来看，太阳变异度主要取决于太阳黑子（一种发生在太阳表面的磁暴现象，会导致太阳辐射增加）。目前，太阳黑子数目的变化周期为11年。历史上最早的太阳黑子记录出现在17世纪初。然而，从这些记录中开始看出，在过去的很长一段时间里，太阳黑子活动极其罕见。其间有几次太阳黑子极少期，就发生在小冰河期。例如，1645—1715年的蒙德极小期，1460—1550年的施波雷尔极小期以及1790—1830年的道尔顿极小期。太阳黑子数量极小值通常与气温极小值出现的时期相一致，但它是否会引发降温，或者如何引发降温，尤其是其与小冰河期的关系，这些问题尚存争议，仍正在研究之中。

13世纪火山活动频繁，这可能是小冰河期降温的原因

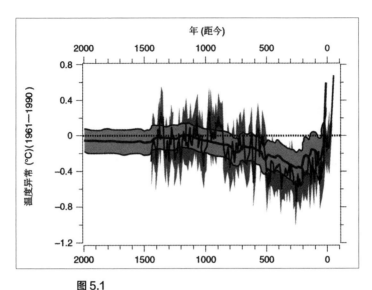

图 5.1
两千年间的温度变化

之一。初看之下，这种关联似乎令人感到惊讶。火山爆发通
常会带来短暂的降温，但火山活动本身如何能导致小冰河期
长达数百年的降温呢？这一现象或许可以通过气候反馈来解
释：几次快速连续的大规模火山喷发所造成的剧烈降温，足
以触发海冰增长。反过来，冰和雪对阳光反射的增加，又会
使降温加剧。这种现象被称为冰反照率反馈，是放大气候变
化的几种反馈之一。从火山活跃度增加的时间来看，似乎可
以印证火山活动推动小冰河期形成的观点：冰川最大值出现

在 1600 年左右，由此可以推断降温应在 14 世纪时开始。尽管火山活动对降温程度的影响难以重建，但有证据显示，在 13 世纪和 1450 年左右曾发生过多次火山爆发。由此可见，火山爆发确实助长了小冰河期的降温。

除了太阳变异和火山爆发以外，大气中二氧化碳浓度的变化可能也在小冰河期的降温过程中发挥了作用。二氧化碳浓度在 1200 年时为 284 ppm，到 1610 年已经下降到 272 ppm。北半球降温后，二氧化碳浓度也出现下降。随着温度降低，气体在海洋中的溶解度增加，原则上可以降低大气中的二氧化碳浓度，但这还不足以完全解释所观测到的小冰河期空气中二氧化碳含量的减少。另一个可能的原因是，流行病暴发引发人口急剧下降，从而导致耕地荒废，退还为林地。1347—1352 年间，黑死病暴发，欧洲人口锐减了 2500 万。1492—1700 年间，随着欧洲人的到来，新的疾病开始在美洲传播，造成当地的原住民人口减少了 5000 万。中国在 11—12 世纪期间，以及 17—18 世纪期间经历过两次人口下降。区域人口急剧减少，废弃的农田退化为林地，而树木的生长降低了大气中的二氧化碳含量，引发气温下降。

这些外部力量在几年至几百年的时间尺度上影响着气候变化，而所有这些因素都可能在某种程度上促进了小冰河期的降温。在这个时间尺度上，内部气候动向也很重要。例如，深海环流的减缓为小冰河期降温提供了另一种解释。正如在前文中出现过的新仙女木事件的例子中看到的那样，融水减缓了热盐环流，导致北大西洋地区跌入近冰川条件。从更小的时间尺度来看，中世纪气候异常期的温暖气候可能会增加冰川的融化，从而减缓环流。这恰好可以解释该段时间内观察到的降温模式。其他气候现象也可能会对小冰河期的温度地理模式以及降水量产生影响。与中世纪气候异常期中长期存在的拉尼娜现象以及北大西洋涛动正相位条件不同，在小冰河期中占优势的正是与之相反的模式，即厄尔尼诺现象以及北大西洋涛动负相位条件。

·· 北大西洋的小冰河期 ··

不管小冰河期的最终成因是什么，北大西洋的降温趋势给居住在农业及畜牧业发展边缘地带（包括欧洲北部及高海拔地区）的人类带来了严重后果。目前，小冰河期对北大西洋地区的影响还存在争论。争论的焦点之一，涉及中世纪气候异常期之前维京人在北大西洋区域所建立的广大殖民地的命运。北欧移民在格陵兰岛上建立起混合经济，主要的定居点有两个：位于格陵兰岛最南部的东部定居点以及沿西海岸发展起来的规模更大的西部定居点，总人口约为 5000 人。

他们的产品主要销往挪威。此外，欧洲人也可以从其他途径购买到格陵兰人出售的皮革或粗纺毛织物。而格陵兰岛的特产——海象牙和北极熊，在欧洲市场上则尤其引人注目。

为了维持生计，定居者在西部和东部的定居点建立了大约250个农场。起初，他们主要饲养奶牛和猪，试图照搬以前的做法，发展畜牧业。但可能是因为猪对格陵兰岛的土壤造成了巨大破坏，猪的饲养很快就停止了。在格陵兰岛，绵羊比奶牛更容易饲养，因为绵羊在户外放牧的时间更长，而奶牛每年大约要有9个月的时间需在室内饲养。随着时间的推移，以灌木为食的山羊也逐渐增多。饲养动物种类的转变强有力地证明了挪威人已经适应了格陵兰岛上的生活。他们在之前经验的基础上做出了必要的调整，选择更加适宜当地条件的动物进行养殖。挪威人的命运并没有仅仅因为迁移到一个有着不同景观、资源和气候条件的地区就被左右。

除此之外，挪威人在选择狩猎对象时，也充分考虑到了格陵兰岛的实际情况。岛上数量庞大的驯鹿以及生活在周围海域中的海豹是肉类的主要来源。他们掌握了海豹迁徙的时间和地点。当春季来临时，挪威人便开始建立起营地，猎捕海豹。久而久之，他们越来越依赖打猎和捕杀海豹，以获得充足的食物。令人惊讶的是，尽管四周拥有广阔的海域，但挪威人似乎没有开展过捕鱼活动，在其遗址中发现的鱼骨数量十分有限。贾雷德·戴蒙德认为，这种现象表明，对挪威人而言，吃鱼可能是一种禁忌。

挪威移民适应了格陵兰岛上的生活方式，然而他们的存在却给岛上的资源带来了压力。本就稀少的林木资源变得更加匮乏，土壤再生缓慢，尤其是放牧活动给环境造成的破坏极大，这些意味着挪威人将无法轻易获得新的木材来源。除了偶尔从海上漂来的浮木和从挪威进口的木材之外，若想获得新的木材就只能冒险沿着拉布拉多海岸开展伐木活动。而随之而来的木炭短缺，使得格陵兰人没有燃料来从事沼泽铁的冶炼。

在小冰河期来临之前，格陵兰人已经在这个边缘地区生存了几个世纪。14世纪，格陵兰岛的气温在短短的几十年内急剧下降（80年内下降了4℃）。迪斯科湾沉积物岩心的微化石记录进一步显示，格陵兰岛西部在1350年左右经历了一次降温过程。气温骤降增加了畜牧业发展的难度。植物的生长季缩短，本就贫乏的干草收成变得更加稀少，绵羊和山羊的饲养陷入危机。冬季漫长寒冷，夏季短暂阴凉，这使得可以获得和存储的食物种类并不多。在这种情况下，海豹在格陵兰人的饮食中所占的比例越来越大是合乎情理的，尽管这一定是在巨大的压力下才做出的调整。由于资源极其有限，格陵兰岛上的挪威人没有理由主动减少对任何一种现有食物来源的消费。

此外，海水温度的下降增加了海洋旅行的困难和风险。

即便是在最有利的条件下，想要驾驶小船去北方捕杀海象或寻找木材也绝非易事。除了旅程变得越来越危险之外，木材的严重短缺也使得格陵兰人无法轻松地建造新船。海冰期的增长阻碍了格陵兰人与其他挪威人定居点以及欧洲之间重要的物资交换。与挪威之间的交流也不再顺畅。14世纪末，只有零星的船只能够往来于挪威和格陵兰岛之间，而到了15世纪初，两地之间的通讯已完全中断。1492年，此时距离最后一次有记载的挪威到格陵兰的航行已过去很久，教皇亚历山大六世写道："由于海水大面积冻结，很少有船只开往那个地区——据信，已经有80年没有船只在那里靠岸。"虽然教皇忽视了那些远航的渔民，但他的基本观点是正确的：格陵兰岛已从欧洲的版图上消失。

小冰河期的气候变化与其他一些因素相互作用，威胁着格陵兰人的生存。北大西洋上出现的降温和结冰，让水手们有理由避开前往格陵兰岛的危险而漫长的旅程。与此同时，商业变化也切断了格陵兰岛的贸易途径。随着汉萨同盟的崛起，欧洲的贸易格局发生变化。那些北海及波罗的海的港口更加青睐鱼类和鱼油等物品的贸易，而不是海象、象牙等更为稀缺的奢侈品交易。而那些想要购买象牙的欧洲人则从欧洲东部获得了新的购买渠道。

在不断扩展的欧洲贸易网络中，格陵兰岛上的挪威人逐渐被边缘化。与此同时，他们也面临着格陵兰岛上其他移民的潜在竞争。这些移民主要是因纽特人（即图勒人），他们向东穿越北美北部，取代了当地的古爱斯基摩人。格陵兰岛上的挪威人和因纽特人生活在不同的区域：没有基因证据表明二者之间曾发生过任何融合。挪威人虽只零星提及过与因纽特人之间的交往，但从中足以看出他们之间的关系主要是敌对的。14世纪的记载中还提到，挪威人曾遭遇被他们称为斯克林斯人的袭击，18人于1379年被杀，另外还有两个男孩遭到奴役。这些死亡不仅意味着生命的流逝，很可能还对一小部分人造成了严重的经济损失和心理创伤。

某些解释认为，格陵兰人没有吸取他们的竞争对手图勒人的经验。关于格陵兰人在多大程度上将鱼类用作海豹的补充还存在争论，但他们似乎并没有像因纽特人那样前往远离海岸的区域开展捕鱼活动。此外，因纽特人捕获的海豹种类也比挪威人多，比如在冬季中可以捕获到的环斑海豹等。如果挪威人能与因纽特人合作，甚至向他们学习，那么挪威人就能够在冬天获得更多的食物。他们可以在每年春季时猎捕迁徙中的海豹，在冬季则可以捕获那些浮出冰洞的环斑海豹和胡须斑海豹。对于急需扩大食物供应来源的格陵兰人来说，因纽特人的狩猎技术和船只是非常宝贵的。

结合以上多种变量，针对格陵兰岛上历史悠久的挪威人定居点的终结，学者们给出了不同的解释：一种灾难说认为，气候变化加上与外界的隔绝以及与因纽特人的交恶，这些因素导致挪威人从格陵兰岛消失。与之相反，第二种解释认为挪威人定居点的终结是他们自己的一种选择。14 世纪时，格陵兰人转而靠捕猎海豹来充饥——这一点与灾难说更为吻合。在没有完全放弃养猪之前，他们甚至会将吃剩的海豹和鱼类留作猪饲料。恶劣的生活条件，匮乏的饮食以及与外界有限的接触的机会，这些足以成为岛上的年轻人离开这里前往冰岛的理由。冰岛和斯堪的纳维亚半岛曾在 14 世纪时发生鼠疫，人口大幅缩减，因而来自格陵兰岛的移民可能会以较低的价格买入这里的土地。

与气候变化影响说相比，第二种解释更强调人类的选择。事实上，无论在哪种情况下，格陵兰人一直在做出自己的选择，显示出了强大的适应力。最初，显然是他们自己选择了前往格陵兰岛，并定居在那里。尽管中世纪的温暖气候减轻了旅途的艰险，但他们仍然选择留在格陵兰岛这一几乎可以立即被察觉与冰岛（更不用说与挪威）具有显著差异的地区。为了在岛上生存下来，他们先是引进了畜牧业，而后又增加对海豹的消费。换句话说，灾难说并没有忽视人类选择的作用，也没有否认格陵兰人所表现出的显著的适应能力。

尽管第二种解释强调人类的选择，但也并没有排除气候的影响。一种观点认为，在小冰河期气候变化的影响下，身处这片与世隔绝、孤立无援的殖民地中的居民人口锐减，最终走向灭绝。根据第二种解释，气候变化使居民放弃了许多他们曾经从事过的经济活动，给生活带来不便，仅存的一部分人口也选择了离开。这种解释较为温和，但确有发生的可能性。只是目前鲜有证据能够证明有人曾从格陵兰岛上迁出。有研究曾引用过一对夫妇于 1424 年写给冰岛主教的一封信。这对夫妇于 1408 年在格陵兰岛结婚，他们写信是因为在迁入冰岛后需要结婚证明。然而，并没有其他更多的书面证据能够证明从格陵兰岛向冰岛移民的事实，也没有任何记录能够说明那部分留在岛上的格陵兰人的命运。

在格陵兰岛上生活的最后几十年里，挪威人所做的选择更多地表现出他们的绝望，而非简单地适应。将海豹作为食物的全部来源真的是一种适应？或者说，这根本就是一种绝望的体现？很难想象挪威人会在食物供应如此匮乏的时期放弃绵羊和山羊的饲养，除非他们在这个问题上别无选择。也许有相当数量的格陵兰人在迁回冰岛后幸存下来，但即便是在这种情况下，也无法反驳气候恶化对格陵兰人向外迁徙的推动作用。格陵兰人本身并不具备流动性的特征，也不同于那些建立季节性营地，开展狩猎或捕鱼活动的渔民或猎人。相反，他们在北大西洋西部生存了 400 多年，为了维持他们的定居点付出了巨大的努力。无论在哪种情形下，气温降低都将导致挪威人在格陵兰岛的消失。

同样的降温趋势也给冰岛上数量更加庞大的定居人口

带来了挑战。与格陵兰岛一样，中世纪气候异常期时，大量挪威殖民者的涌入给当地环境带来压力。定居者砍伐了岛上大部分的树木。与此同时，放牧活动阻碍了新树的生长，破坏了当地的土壤。而植被的减少又进一步引发了水土流失。火山土轻而易举地被风吹走，岛上的大部分地区沦为沙漠。事实上，这一时期形成的沙漠，即便是在今天，也依然能够看到。

由于资源枯竭，冰岛的定居者们本就十分脆弱，而如今又面临着小冰河期的重大威胁。他们放弃了偏远的农场，原本就十分有限的农业进一步萎缩。漂浮的海冰阻碍了北部港口的入海通道。据估计，随着资源的减少和鼠疫的暴发，定居者的数量减少，尽管确切的数字仍有争议。冰岛人同时还面临着火山爆发的危险。1362 年的厄赖法冰盖火山爆发迫使人们遗弃了冰岛南部地区的大片农场。

与格陵兰岛上的定居点不同，尽管面临着这些挑战，冰岛社会在小冰河期中还是幸存了下来。冰岛人口众多，与欧洲的联系更加紧密，这些都使得他们处于更加有利的位置。冰岛人通过增加海产品的消费，弥补了其他食物来源的不足。他们向欧洲人贩卖干鱼，满足了当时欧洲大陆对干鱼日益增长的需求，成功地获得了新的收入来源。

·· 欧洲的小冰河期 ··

小冰河期时，几乎没有哪个社会面临的危险可以与北大西洋岛屿上的居民相比，但小冰河期的来临还是给欧洲社会带来了广泛的挑战。早在 14 世纪之前，一系列的火山爆发可能就曾引发过气温下降，从而导致人口死亡率的突然飙升。例如，受某座热带巨型火山爆发的影响，英格兰地区在 1257—1258 年间出现歉收。一位僧人描述了当时的惨状："北风持续了好几个月……看不到一朵小花，也没有种子发芽，收获的希望是如此渺茫……死去的穷人不计其数，到处都是肿胀的尸体。由于担心被传染，有家的人不敢收留病人和那些濒死的人……瘟疫肆虐，令人难以忍受，穷人的处境更加堪忧。仅伦敦一地就有 15000 名穷人丧生。在英格兰和其他一些地区，死亡人口数以千计。"

14 世纪的气候变化引发了 1315—1322 年间的饥荒，给欧洲人造成了严重的后果。大雨导致水土流失，无法开展种植。1315 年的特大暴雨和寒冷的夏秋两季，引起了当时许多研究者的注意。大雨持续了 5 个月，雨水和潮湿使得庄稼被毁，土壤流失。那些在中世纪暖期中扩张新建的地区受灾尤其严重。暴涨的河流冲走了磨坊、桥梁甚至整个村庄。接下来的 1316 年，依旧是大雨和歉收之年。在 1317 年与 1318 年之交的那个寒冷冬天，大雨和洪水仍在继续。除了粮食减产之外，由于缺乏饲料，农场动物的饲养也陷入困境。

前一阶段的人口增长使得那些已经接近生存极限的社会面临严重饥荒。法国和佛兰德斯出现面包短缺。来自德国农村的人口纷纷涌往波罗的海沿岸的城镇乞讨。随着居民的离去，一些社区也不复存在。身陷混乱和失控的局面，民众们怨声载道。1317年后，由于种子遭到毁坏，种植的恢复速度十分缓慢。农作物产量降低，人口素质下降，疾病死亡率上升。14世纪20年代，漫长的寒冷天气仍在继续，再加上寄生虫肆虐，夺走了许多绵羊的性命，在英格兰举足轻重的毛纺业因而遭到巨大打击。

降温给那些分布在欧洲高纬度或高海拔地区的社会带来的艰辛尤其巨大。进入小冰河期后，挪威境内大约40%的农场遭到遗弃。在海拔约305米以上的地区，农民再也无法稳定地进行谷物种植。因此，当地的许多社区变得十分脆弱，居民们纷纷离去，前往他处寻找生机。这种模式也蔓延到了其他地区。在英格兰，成千上万的村庄被遗弃。有些被荒废的村庄如今已成为旅游景点，如约克郡北部的沃拉姆·珀西等。在德国同样也有村庄被居民遗弃。德语中"Wüstungen"一词的意思即为"被遗弃的村庄"。

然而，降温并不是导致村庄被遗弃的唯一因素：1347—1353年间，鼠疫（黑死病）肆虐，欧洲人口大幅减少。鼠疫沿着贸易路线从亚洲向西传播。1347年，鼠疫蔓延到君士坦丁堡和埃及的亚历山大城。仅亚历山大一地，每天因鼠疫而死亡的平民就多达千人左右。当年秋季，鼠疫传播到西西里岛，第二年扩散到意大利北部，造成极高的死亡率。西耶纳的一位居民写道："我，阿格诺洛·迪·图拉……我亲手埋葬了我的五个孩子……如此多的人死去，所有人都认为这就是世界末日。"在法国南部的阿维尼翁，教皇克莱门特六世坐在两处火堆之间，试图避免被病毒感染。1348年末，巴黎每天的死亡人数多达800人。整个欧洲死于鼠疫的人口数占总人口数的三分之一以上，有人甚至估计，这一比例可高达60%。

在那些农业发展并没有受到小冰河期严重阻碍的地区，同样也很难排除气候变冷与人口流失对遗弃村庄这一现象的影响。关于这一现象出现的具体时间目前尚无定论，但最早可能是在14世纪早期，鼠疫暴发之前。在鼠疫出现之后，丹麦等地也发生了遗弃村庄的现象，并在15世纪早期达到顶峰。尽管并非所有的村庄都会在小冰河期中遭到遗弃，但小冰河期的气候条件会使得村民们不会再重新返回曾经耕种过的土地。寒冷的夏季阻碍或减缓了鼠疫受灾地区的复苏。人们完全有理由不再迁回像那些曾被遗弃的村庄，尤其是在有其他选择的情况下。

在山区附近，降温对周边农场和村庄构成了更加直接的威胁。膨胀的冰川不断下降，朝着高山村落移动。在旅游业及冬季和夏季体育产业兴起之前的漫长岁月中，高山社区始终都与贫穷和孤立相伴。碘缺乏导致当地人口的残疾率升高。小冰河期时，冰川的生长有时会阻塞谷底，形成冰坝。冰坝一旦破裂，洪水便会倾泻而下。例如，1589 年，位于瑞士南部瓦莱州萨斯山谷中的阿拉林冰川就曾形成过这样的冰坝。1633 年，湖水冲破冰坝，引发洪水，山谷里的居民深受其害。"一半的田地被埋在废墟之下，一半的居民被迫迁往别处，艰难地寻找生计。"

小冰河期时的气温处于波动之中。例如，15 世纪 30 年代，整个欧洲经历了一段时期的极寒气候。当时的人们记录下了极端天气对谷物、葡萄园、香草以及牲畜的损害。这些影响最终导致食物产量下降，食品价格飞涨。

·· 东亚的小冰河期 ··

与北半球高纬度地区受低温主导不同，亚洲地区的气候变化和社会反应主要取决于旱季和雨季之间的转换。随着中世纪气候异常期向小冰河期的过渡，在亚洲持续已久的拉尼娜现象也开始朝着类似于厄尔尼诺现象的气候模式转变。在此期间，热带辐合带向南移动了几百千米，东南亚的夏季风也随之减弱。其他内部气候动向，如北大西洋涛动和太平洋年代际涛动（PDO）等，在小冰河期早期可能对厄尔尼诺－南方涛动循环起到了调节作用。例如，13世纪中叶，亚洲曾发生过严重而持久的干旱。14世纪时，季风减弱，到了15世纪初该地区则再度面临严重干旱。

季风减弱给柬埔寨高棉政权造成的破坏尤其严重。吴哥城的布局杂乱无章，依赖一套复杂的系统为其供应水和食物。吴哥城的灌溉系统庞大，通过运河，可将数百个池塘中的水输送到水库中。与古典玛雅时代城邦的分布模式十分类似，吴哥城中缺少一个城市中心。当地居民靠种植水稻，来维持生计。大规模的毁林开田，结果导致森林被过度砍伐，水土流失严重。

气候变化对整个吴哥城的水利基础设施构成了重大威胁。降水量的剧烈波动不但减少了农业用水的供应，还破坏了庞大而关键的灌溉和供水系统。干旱中伴有短期强季风降雨，由此而产生的大量沉积物，阻塞了运河。之后到来的大雨挑战了整个水利系统的极限。高棉人曾试图重建运河来应对气候变化，但有证据表明他们的努力并没有奏效。

总之，气候变化削弱了吴哥城的经济基础，当时高棉帝国正面临一系列的外部挑战，如与暹罗王国（今泰国）的冲突等。蒙古人征服了中国南部的云南，迫使泰族人向南迁徙。泰族人从位于今泰国南部的大城王国开始向高棉帝国挺进。他们的军队曾数次占领高棉首都吴哥城，最终于1444年洗劫了这座城市。显然，与泰族人的军事冲突严重损害了高棉帝国的实力。尽管气候波动并非高棉帝国衰落的唯一原因，但它与其他威胁相互作用，最终削弱了高棉政权。

东亚季风的减弱也对蒙古人在中国建立的元朝产生了影响。在元朝皇帝妥欢帖木儿(1333—1368 年在位)统治期间，中国曾面临过多次危机严重的干旱和洪水交替发生。14 世纪 40 年代暴发的大洪水造成多人死亡。瘟疫和饥荒席卷中国。面对危机，元朝没有采取有效的应对措施，从而为盗匪和叛乱分子创造了绝佳契机。明朝的开国皇帝朱元璋，正是在元末严重干旱的背景下起兵造反，最终推翻了元朝，取而代之。

同一时期，中南半岛上的其他社会也遭受了重大挫折。位于今缅甸的蒲甘王国，在 13—14 世纪曾反复遭受过包括蒙古人的侵略在内的多次叛乱和入侵。14 世纪 40 年代，以越南北部为中心的大越国也面临着农民起义和外族入侵。正如之前的扩张一样，这些政权的萎缩和衰退也是若干因素共同作用的结果。扩张加重了资源短缺和对当地环境的压力，本身就会衍生出许多新的问题。例如，在越南，土地资源短缺助长了农民起义。与此同时，这些社会还面临着强大的外部军事威胁，尤其是来自泰族移民的威胁。气候变化与其他因素相结合，加剧了东南亚国家的危机。降雨并没有立即减少，直到 1340—1380 年间，降雨量开始出现显著降低，干旱却又变得愈加频繁。15世纪的大部分时间都比较干燥，再加上短暂的强季风，更使得易于储存和利用的水资源少之又少。

·· 热带地区的小冰河期 ··

从东南亚的例子中可以看出，降水变化是小冰河期的一个显著特点。17世纪，大部分热带地区都出现了明显的普遍降温趋势，而降水模式的差异却很大。东非地区湖泊岩心提供的证据表明，这一时期降水模式的影响十分复杂。爱德华湖的沉积物表明，1450—1750年间当地正处于干旱期，而纳瓦沙湖的记录却指向一个湿润时期。乌干达北塔加塔湖和沃比冈湖的沉积物显示，1100年、1550年和1750年曾分别出现过持续时间长达一个世纪之久的干旱时期。这种现象表明，东非地区西部干旱，东部湿润。乞力马扎罗山顶峰的富特文格勒冰川在小冰河期时可能就已经形成了。

这些气候波动或许也影响到了非洲社会。1000年时乌干达西部的人口有所增长。到了十五六世纪，那些四周筑有大型土垒的定居点不断增加。持续的强降雨促进了人口的密集发展。当地的居民们似乎同时发展农业和畜牧业。1700年左右，土垒遭到废弃，定居点逐渐分散。小冰河期期间，高海拔地区变得干燥。这一转变可能会推动畜牧业的发展，加剧社会差异。

气候波动有可能会再次改变萨赫勒地区的边界。当湿润期来临时，谷物种植带向北移动。待到干燥时期，再向南回落。300—1000年间，就曾发生过种植带北移而后又复原的现象。在非洲西部的乍得湖盆地，干旱可能是导致15世纪卡努里人的政治中心向博尔诺转移的原因之一。降雨量的变化也可能会影响到热带稀树草原民族（萨赫勒人）与撒哈拉沙漠之间的关系。

一种模型显示，降水增加将会促使农民进一步向北迁移，同时也会扩大采采蝇（又叫舌蝇）在北部的活动范围，给战马的健康带来威胁，从而限制了骑兵的行动力。而当干旱期来临时，萨赫勒地区的国家如马里等，则会向南推进。总体而言，这个模型是合乎逻辑的，但仍需有历史上真实降水模式数据的支持。另一种解释认为，随着普遍干旱趋势的出现，热带稀树草原和撒哈拉沙漠之间的接触愈加密切，从而为彼此间的交流以及包括奴隶贸易在内的商业活动提供了便利。

小冰河期和中世纪气候异常期期间的气候波动，或许也曾给非洲南部各国带来帮助或挑战。这一点从马蓬古布韦王国（900—1300年）的兴衰中可见一斑。马蓬古布韦王国诞生于10世纪，位于沙希河和林波波河交汇处附近，今博茨瓦纳和津巴布韦边界一带。王国的扩张主要得益于经济、养殖和贸易的发展以及气候因素的作用。中世纪气候异常期降水的普遍增多促进了人口的增长,仅首都一地的人口就达到9000人左右。

14世纪伊始,马蓬古布韦人遗弃了他们的城市。但随着北部大津巴布韦王国的崛起,该地区的复杂社会延续了下来。马蓬古布韦王国的消亡似乎是受到了小冰河期之初严重干旱的影响。贸易和气候的变化可能削弱了王国的实力。目前,关于非洲南部进入小冰河期的时间仍有争议。但从猴面包树等气候代用指标来看,14世纪早期这里曾发生过干旱,这可能导致负责祈雨仪式的统治者的合法地位发生了动摇。

·· 17世纪的危机 ··

小冰河期(1400—1850年)总体寒冷的气候条件在17世纪时表现得最为显著。16世纪晚期和17世纪,气温下降及气候变异发生在许多身陷危机、动荡不安的地区。英国政治哲学家托马斯·霍布斯对叛乱和权力解体进行了强烈的谴责。他在1651年出版的著作《利维坦》中表达了一种悲观的情绪:"工业无从发展,因其结果难以预料;文化停滞不前;航海中断,不再有从海路进口的货物;无人再修建宏伟的建筑；没有移动重物的工具；不了解地球的面貌；没有时间概念；没有艺术；没有通信；没有组织；最糟糕的是无尽的恐惧和来自于死于非命的威胁；人的一生，孤独、贫穷、肮脏、粗鄙而又短暂。"霍布斯支持建立一个强大的主权权威，但他在言辞中却暗示，将会出现一场超出政治领域的、更加深远而广泛的危机。

其后的历史学家将"17 世纪普遍危机"这一概念引入欧洲历史。17 世纪曾发生过不计其数的战争和叛乱。1618—1648 年间爆发的三十年战争，长期蹂躏着德国及周边地区。英格兰国王和臣民之间长时间的紧张关系，最终于 1642 年升级为内战和革命。1649 年，议会处决了国王查理一世。1689 年，光荣革命又推翻了国王詹姆斯二世的统治。在法国，国王路易十四统治初期，曾爆发过一场名为投石党运动（1648—1653 年）的贵族叛乱。低地国家也不例外，荷兰人开始奋起反抗哈布斯堡王朝的统治。此外在伊比利亚半岛和意大利许多地区也同样爆发了针对哈布斯堡王朝的叛乱。

从现行的主流历史观点来看，对这场危机的描述和解释并没有特别关注气候条件。这一时期的冲突背后的确具有明显的政治和宗教因素。早在 17 世纪以前，旨在加强中央集权的君主们就已经开始尝试削弱封建领主的权力。从欧洲来看，新教改革以及随后出现的天主教改革（又称"反宗教改革"）是造成分裂的一个新原因。17世纪笼罩欧洲的许多战争，在很大程度上都属于宗教战争，如"三十年战争"就是其中一例。1618年，波西米亚布拉格地区的新教徒将教皇钦差从窗口投入壕沟，史称"掷出窗外事件"，成为战争的导火索。神圣罗马帝国派出天主教军队镇压新教徒的反抗。1625年，支持新教徒起义的丹麦人加入战争。5年后，瑞典参战并取得了阶段性胜利。随着天主教国家法国参战对抗哈布斯堡王朝，三十年战争进入最后一个漫长阶段——全欧混战。

与此同时，寒冷天气再度降临，给社会带来了多种形式的压力。这一阶段的小冰河期气候变化增加了出现饥荒的可能性。小冰河期期间，气温并非总是下降。在1500—1550年之间，欧洲气候回暖，促进了人口增长。之后从16世纪晚期到17世纪，气温又再次下降，发生饥荒的风险大大增加。除了降温之外，其他一些更加剧烈的气候变异也会对农作物造成破坏。小冰河期时不稳定的气候条件，对于刚刚经历过人口增长的社会来说尤其危险。

1550—1700年间，饥荒和流行病在欧洲肆虐。1692年夏至1694年初，天气寒冷潮湿导致法国陷入饥荒。仅1693—1694年两年，法国北部大约就有10%的居民被活活饿死，南部内陆奥弗涅地区的死亡率甚至更高。17世纪90年代，苏格兰地区由于作物歉收，也同样面临着饥荒的

挑战。受死亡和移民双重因素的影响，当时的人口下降了约
15%。一名租户写道："穷人们迫切需要救济；土地施过肥，
却苦于没有种子而无法播种，这二者正是饥荒的征兆。"1698
年，枢密院在记录中描述了当时的严重程度："这并非一般
意义上的物资匮乏，而是一场彻头彻尾的饥荒，这个国家从
未经历过如此严重的灾难。"

小冰河期时，流行病频发。1629—1630 年鼠疫在意大
利和法国暴发，1656—1658 年传到了亚平宁半岛南部的那
不勒斯王国，1665 年时又席卷了英格兰。塞缪尔·佩皮斯
在他的日记中生动地描述了鼠疫在伦敦暴发的景象。1665
年 8 月底，他写道，"这个月就这样结束了，鼠疫肆虐，举
国上下都笼罩在巨大的悲痛之中。每天都有鼠疫蔓延的消息
传来，令人愈加悲伤。在这座城市中，本周共有7496人去世，
其中死于鼠疫的竟多达6102人。然而真实的情况更加令人
忧心。本周实际死亡人数接近1万人——少算的那部分人当
中，有些是穷人，由于人数众多而无法被全数统计；有些则
是贵格会教徒或其他一些主张废除礼仪的群体"。18世纪，
欧洲大部分地区鼠疫暴发的频率有所下降，最终在19世纪
初，疫情才最终消失。

尽管鼠疫得到控制，但其他流行病的传播又带来了更
大的恐慌，其中最令人恐惧的当属天花。18世纪时，欧洲
每年死于天花的人数多达数十万。在瑞典，每十个孩子中就

会有一人死于天花，而俄罗斯地区的死亡率甚至更高。携带着天花病毒的欧洲人，一旦来到美洲或欧亚大陆北部的偏远地区，与之有过直接或间接接触的当地人往往更容易死亡。1775—1782 年，天花在美洲蔓延，给欧洲移民、参加独立战争的士兵，以及印第安人带来了巨大折磨，其中有些印第安人尽管居住在远离战区的地区，也未能幸免。

鼠疫等流行病的暴发与小冰河期并没有直接关联。不管是气温的普遍下降，还是局部的恶劣天气，都不会直接导致鼠疫的流行。尽管寒冷的天气会减少携带有鼠疫病毒的跳蚤的繁殖，但饥荒却通过其他方式加剧了流行病的疫情：一方面，营养不良的人更容易患病死亡，另一方面，粮食歉收迫使农民离开土地，到城镇寻找食物。人口的集中加速了疾病的传播。例如，英格兰西北部的坎伯兰郡和威斯特摩兰郡曾于 1597 年发生饥荒，在其后的两年内瘟疫便频频暴发。

平均身高的下降可以反映出健康状况不佳和营养不良对人口的综合影响。对北欧人的骨骼进行研究，结果发现，在中世纪鼎盛时期至 1700 年间，北欧人的平均身高减少了约 6.3 厘米。虽然个体的身高取决于多种因素，如遗传基因、营养状况等，但平均身高的变化往往被视为用来衡量人口整体健康状况的代用指标之一。除了疾病和气候变化之外，城镇发展等其他因素也可能会对人口的平均身高产生影响。

这场危机同样也是人口危机。歉收、疾病、战争加重了居民的不安全感，也中断了农业生产。除英格兰和荷兰共和国外，欧洲绝大多数地区的人口都在下降。例如，西班牙卡斯提尔王国的人口在17世纪中叶就经历了急剧下降。

　　除了气候变化以外，人类作出的反应也对饥荒产生了影响。面对同一挑战而形成的广泛影响，财富、行政效率和交通状况会在一定程度上决定不同结果的出现。以法国为例，在相似的恶劣气候条件下，法国面临的局面比英国更加严峻。这一方面是缘于法国向内陆运送物资的难度更大，另一方面则是因为英格兰的贫困救济更加有效，可以及时地把食物发放到需要的民众手中。战争无疑会加重饥荒的影响。1688—1697年九年战争期间，法国军队不得不在国内发生饥荒的情况下仍然要募集军粮。军事采购带动粮食价格上涨，危机更加严重。在不列颠，政府的反应同样也影响着灾情。在枢密院的谋划下，苏格兰国王竭尽全力为灾民提供足够的救济。

　　苏格兰饥荒对爱尔兰的未来产生了重大影响。由于作物歉收和食品短缺，大量苏格兰人向爱尔兰北部移民。前后共有多达5万人向西穿越爱尔兰海前往阿尔斯特。移民潮在17世纪90年代达到顶峰：据一本写于1697年的小册子记载，自1695年以来，共有两万苏格兰移民进入爱尔兰。在苏格兰受灾最严重的地区，高达15%以上的人口离开故土前往爱尔兰。其后部分移民可能又返回到苏格兰。移民大军坚定地保留着自己的苏格兰特质，在爱尔兰北部他们被称为苏格兰－爱尔兰人。可以说，由饥荒推动形成的移民浪潮使爱尔兰北部在此后的几个世纪里，在以天主教为主要信仰的爱尔兰岛上，形成了一个以新教占主导的地区。

苏格兰饥荒造成的破坏以及国家为复苏而付出的努力同样也对联合王国的建立发挥了作用。1603 年，伊丽莎白一世去世，苏格兰国王詹姆斯六世于当年继位，成为英格兰国王詹姆斯一世，同时统治英格兰和苏格兰两个独立国家。1707 年，英格兰与苏格兰合并。促成这一局面的原因很多：一方面，由于战争频发，英格兰渴望加大对苏格兰的控制，以获得更多的人力；另一方面，苏格兰也希望促成此次合并，以帮助他们应对饥荒带来的严重后果。

17 世纪危机重重，但一些地区和国家却恰在此时繁荣起来。荷兰的实力和影响力可能正是在这一时期达到了顶峰。16 世纪 60 年代，荷兰人民发动起义，反抗西班牙殖民者的统治。寒冷的天气为新生的共和国提供了保护。17 世纪的气候波动曾给许多国家带来灾难，但当时的荷兰共和国却表现出了自己强大的复原力。

"17 世纪危机"一词最初仅用来描述近代欧洲社会，后来逐渐扩展到北半球其他地区。和众多欧洲国家一样，中国、日本以及印度也陷入到起义和叛乱的洪流之中。战火连绵不断，从欧洲一直烧到中国，人口死亡率随之升高，中国的人口开始减少。

　　叛乱、内战、起义、饥荒或其他政治混乱、社会动荡等无疑都是由多种因素共同引发的。尽管如此，这场连众多偏远地区都没能幸免的普遍危机仍反映出了一些更深层次的问题。从气候变化的角度来思考，可以帮助我们更好地理解这种局面。17 世纪的气候波动和气温下降给许多处于冲突和紧张之中的社会增加了额外的负担。例如，在东南欧和西亚，奥斯曼帝国在经历了长期扩张之后，面临严重的混乱局面。中世纪气候异常期的结束本身并没有给奥斯曼帝国带来损害。总体而言，奥斯曼帝国在近代一直处于繁荣昌盛之中。14 世纪，奥斯曼土耳其人在巴尔干半岛的战争中大胜对手，占领了阿德里安堡（现称埃迪尔内）和保加利亚。1389 年，奥斯曼军队在科索沃战争中与塞尔维亚人交战。与这支拜占庭帝国的残余势力相比，奥斯曼人的势力范围远在其之上。1453 年，苏丹穆罕默德二世包围并占领了君士坦丁堡。此役之后，奥斯曼人继续推动帝国的扩张，但他们却未能占领维也纳——哈布斯堡王朝在奥地利的大本营。领土的扩张伴随着人口的增长。从 15 世纪晚期至 16 世纪晚期，整个帝国的人口都处于增长之中。这种现象并不仅仅是征服的结果，也有赖于帝国当局制定的一套有效的土地分配体系。

　　尽管奥斯曼帝国的复原力已经在历史中得到了充分的证明，但 16 世纪末和 17 世纪的气候波动和寒冷天气仍对奥

斯曼帝国构成了重大挑战。对于刚刚经历过人口激增的帝国
而言，气候恶化使之深受其害。小冰河期，地中海地区的干
旱更加频繁且严重。从 16 世纪晚期至 17 世纪上半叶，这
段时间是过去 500 年以来最为干旱的时期。庄稼因干旱而
枯萎，许多牲畜也死于严冬之中。16 世纪晚期，奥斯曼波
斯尼亚地区的葡萄酒产量下降，当地农民放弃葡萄种植，转
而种植李子来酿造白兰地。中欧的大部分地区也都是如此。

16 世纪晚期，干旱、严寒以及其他多种因素相互作用，
最终酿成了奥斯曼帝国的危机。16 世纪 90 年代，在干旱寒
冷的冬季中，饥荒暴发。与此同时，帝国为了应对与哈布斯
堡王朝的战争而竭力增加财政收入，进而加剧了粮食的短
缺。在欧洲作战的帝国士兵不得不忍受饥饿，而帝国西亚部
分的状况也在不断恶化。韦尼耶曾描述过 1595 年 2 月君士
坦丁堡的惨况：食物匮乏，"恶劣天气造成供给不足"。寒
冬之中，大量牲畜因饥饿而发生疾病，造成重大损失。为了
寻找食物，人们开始远离安纳托利亚西部等地的村庄。城镇
变得拥挤不堪，加速了流行病的传播。

这场危机还助长了叛乱的爆发，这其中就包括由 16 世
纪谢赫·塞拉尔领导的暴动。1596 年，帝国征用绵羊的命
令激发了反叛。当时，盗贼横行，到 1598 年安纳托利亚中
南部的拉伦德地区全部落入土匪或叛乱分子的手中，那些伊
斯兰宗教学校的学生也遭到了控制。叛军击败奥斯曼帝国军

队，洗劫了安纳托利亚的大部分区域，直到 1609 年才最终被镇压。

尽管经历过人口流失和内部叛乱，奥斯曼帝国却幸存了下来。17 世纪 40 年代，安纳托利亚的许多地区都出现了人口减少的现象。17 世纪末 18 世纪初的严寒和干旱又阻碍了人口数量的回升。直到 1850 年，奥斯曼帝国的人口才恢复到 1590 年左右的水平。

恶劣的气候一再给雄心勃勃的军事行动造成阻碍。1683 年，进军维也纳的奥斯曼军队遭到挫败。他们遭遇了低温多雨的天气。暴涨的河水将桥梁冲毁；道路泥泞，几乎无法通行。奥斯曼军队运送物资的马车经常出现故障。帝国骑兵不得不等到草料补给到达之后才能开始行动，因而拖慢了整个战役的速度。直到 7 月，奥斯曼军队才最终开始向维也纳发起围攻，但在短短两个月后，一支救援队伍就打破了奥斯曼人的包围。这是奥斯曼帝国最后一次发动试图占领维也纳的军事行动。

在印度，莫卧儿王朝于 16 世纪开始掌权，其后便不断加强自身的权力。在 18 世纪初崩溃之前，他们一直控制着广袤的疆域。17 世纪，莫卧儿王朝统治下的印度曾遭受过几次严重的干旱。1630—1632 年，苏丹沙贾汗拿出食物和金钱作为救济，以应对干旱带来的灾难。沙贾汗的继任者奥朗泽布在印度南部发动了一系列劳民伤财的漫长战役。

1707 年，沙贾汗去世。其后不久，莫卧儿帝国陷入分裂。比起气候因素的影响，莫卧儿帝国的衰落更多的是缘于扩张所需的巨大成本以及维系一个多元化程度如此之高的帝国所带来的挑战。

·· 中国的 17 世纪危机 ··

地处东亚和西亚的帝国同样没能逃脱所谓的"17 世纪危机"。在中国，明朝的灭亡被视为 17 世纪危机的关键事件之一。在推翻并取代了蒙古人建立的元朝政权之后，明朝进入到一段长时间的经济、人口增长时期。人口普查显示，1393—1600 年，中国的人口总数从 6000 万~8500 万，增长到 1.5 亿~2 亿。15 世纪初，为了提高北京的粮食供给量，永乐帝下令对连接长江和黄河的大运河进行改造和修复。此举有效地促进了帝国内部贸易的增长。明朝的农业产量也有所增加，大量移民涌入中国南方。从外部来看，明朝是中国历史上航海活动最为活跃的时期。在 1405—1433年间，郑和率领船队前往印度洋和东南亚各地，中国的航海活动达到了顶峰。

尽管明朝的势力不断扩张，人口不断增长，但在 17 世纪危机期间，明朝没能逃过灭亡的命运。现行的主流历史观点认为，明朝的衰落是由于外部攻击和内部冲突的共同作用。16 世纪晚期，明朝军队在南方与苗族人开战，又派遣士兵前往朝鲜，助其抗击丰臣秀吉的入侵。在那之后，满族（女真）势力崛起，对明朝构成重大威胁。满族人生活在中国东北部，与蒙古人一样，重视骑马和射箭。部分满族人也从事农业。17 世纪早期，在首领努尔哈赤的统治下，满族的军事力量不断增强。努尔哈赤建立八旗制度，主要在长城以南活动，并最终统一了满族各部。就在满族军队从北方压境时刻，明朝内部叛乱频发，掏空了明朝的实力。17 世纪40 年代初，许多地区连年旱荒，尸横遍野，李自成带领义军向北京进发。1644 年，明朝末代皇帝在北京自杀。在各方势力争夺权力的关键时刻，满族人得到了明朝将领吴三桂的支持，南下入关，宣示天命，建立清朝。作为中国历史上最后一个封建王朝，清朝的统治一直延续到 1912 年。清朝军队继续与明朝残余势力进行斗争，直到 1681 年才彻底将其击溃，取得最终的胜利。

深陷内忧外患之中的大明王朝，也没能逃脱气候波动的影响。16 世纪晚期，干旱以及不断生成的沙漠破坏了北部边境军队的补给体系。明朝晚期，寒冷干燥的气候导致粮食产量下降。干旱是 17 世纪叛乱的诱因。在 18 世纪官方编撰的《明史》中，记录了 1614—1619 年的严重干旱，其中提到土地犹如被烧焦一般。在 1640 年干旱时期，绝望的山东农民只能以树皮果腹，甚至还有人以死尸为食。1641 年，大运河山东段干涸。与此同时，严寒席卷了中国大部分地区，就连南方各省也没能幸免。一名官员在描述河南省的惨状时写道："人们面黄腮肿，眼睛里呈现出猪胆汁一般颜色。"绝望的饥民涌入城市寻找食物。据说，当时甚至出现了人吃人的惨剧。来自上海的一篇报告中含有对这场灾难的描述："干旱来势汹汹，席卷各地。蝗虫肆虐，粟米价格飞涨，饥民横死街头。一点点的粮食须得大量的白银才能换得。"

根据树木年轮记录推算，明朝末年的这场干旱是中国东部 5 个世纪以来，甚至可能是自 500 年以来最严重的一次。明末中国北方发生干旱的频率比明初提高了 76％。主要农作物的产量下降，价格上涨。

干旱和降温本身并不能决定明朝的灭亡，但它们会在许多方面危及王朝的统治。气候波动削弱了卫戍部队的战斗力。严寒和干旱破坏了北方边境驻军原本可以自给自足的供给体系。因此，明朝政府不得不在 16 世纪晚期至 17 世纪早期加大对北方驻军的投入，最终耗尽了整个帝国的财政。干旱使农业生产陷入危机，导致饥荒频发。绝望的农民离开田地，加入到汹涌的反叛浪潮之中。

·· 小冰河期的北美殖民进程 ··

北美洲的恶劣气候令定居于此的欧洲人难以招架。在征服墨西哥之后，西班牙探险家及传教士冒险向北进发。和其他国家的探险者一样，他们发现那里的气候条件极端恶劣。令这些人烦恼的，不仅有严寒、降雪，还有干旱。小冰河期的寒冷气候也给当地的原住民社会带来了影响。一种观点认为，正是由于天气寒冷，易洛魁人（北美印第安人的一支）才会在西迁之后，继续前往更加遥远的南方寻找新的家园。

面对北美东部的极端气候，英国殖民者显得无所适从。事实上，许多人曾写下他们的担忧：截然不同的气候条件可能会对英国定居者的身份认同和性格产生负面影响。他们很快就发现，即使是北美南部也比他们预想的要更加寒冷。而在更加遥远的北方，冬季寒冷气候的持续时间和严重程度令法国探险家塞缪尔·尚普兰等倍感惊讶。身处纽芬兰的英国殖民者也有类似的感受。尽管如此，北美的殖民化进程依然在继续，推动者和倡导者们转而强调加强对北美洲气候条件的适应能力。

殖民计划并非一帆风顺，有时也会遭遇失败。早在最初的两块永久殖民地——詹姆斯敦和普利茅斯建立之前，一支英国探险队曾于 1585 年试图在今北卡罗莱纳州的罗阿诺克建立殖民地。1587 年，一批新的移民来到这里，然而，战争阻断了殖民地的补给。直到1590年，一艘英国船只才最终返回那里，却发现当地的移民已经全部消失。至今，罗阿诺克殖民地毁灭的确切原因仍无定论：殖民者可能死于疾病，也可能是在与当地印第安人的冲突中丧生，尽管目前并没有发现直接暴力冲突的痕迹。1587—1588年，当地发生了严重干旱，最后一批殖民者恰于此时到达那里，这也可能是导致殖民失败的原因。同样以失败而告终的还有1607年在缅因地区建立的波帕姆殖民地。

在新英格兰，清教徒们遭遇了严寒的袭击。他们并没有做好准备应对定居在这里的第一个冬天。一本开始写于1620年12月的种植园日志记录了当时的情形，"由于之前一直在霜冻和风暴中探索，再加上在科德角的艰难跋涉，人民的身体羸弱无比，每天都有越来越多的人患上感冒，很多人后来便因此而丧命"。然而，严冬并不是清教徒们唯一的苦难：他们来得太晚，错过了耕种的时机。冬天过后，在普罗文斯敦登陆的人中，大约只有一半幸存下来。无论在何种情况下，初来乍到的清教徒都会面临重大挑战，而小冰河期严酷而漫长的冬季无疑加剧了这种挑战。

即便是在英国殖民者扎根于新大陆后很久，小冰河期的寒冷气候仍在给他们制造麻烦。17世纪晚期，在新英格兰已经生活了数年的定居者觉察到气候正在变得越来越冷。1699年的年鉴中，有这样一句话："季节已与往昔不同，夏季如冬季一般寒冷，冬季则更加艰苦难耐，许多人都从未有过这样的经历。"

1675—1676 年菲力浦国王之战期间，虽然英国殖民者牢牢控制着新英格兰南部地区，但大雪却增强了北部印第安人的军事力量。17 世纪 90 年代，阿布纳基人利用大雪作掩护，对英国殖民地发动偷袭。尽管处于隆冬时节，阿布纳基人仍可以进行狩猎。他们脚穿雪鞋，穿越内陆层层积雪，捕杀驼鹿，以其肉为食，剩下的部分也会用作他途。在 17 世纪 90 年代以及 18 世纪初异常寒冷的冬季里，阿布纳基人扩大了自己的狩猎范围。

长途突袭引起了英国殖民者的恐慌。一支由法国人和阿布纳基人组成的突袭队伍，沿今缅因州和新罕布什尔州边界行进约 50 千米，袭击了鲑鱼瀑布镇。由于无法在厚重的积雪上行走，英国人根本无法开展追击。著名的清教徒牧师、作家科顿·马瑟写道，"由于仅靠双脚无法在雪地上自如行动，他们不得不手脚并用"。1692 年 1 月，阿布纳基人袭击了缅因州的约克县，杀死英国殖民者约 50 人，俘虏 100 人，并继续向南进攻，于 1697 年 3 月袭击了马萨诸塞州梅里马克河流域的黑弗里尔，次年 3 月初又袭击了安多弗。

1704 年 2 月，法国人和印第安人突袭了位于马萨诸塞州北部康涅狄格河谷的迪尔菲尔德镇。对英国人而言，这是他们遭受的袭击中最为激烈、最具毁灭性的一次。大雪帮助袭击者成功翻越了护墙。在迪尔菲尔德，共有约 50 名英国殖民者遇难，另有约 112 人被俘。俘虏中包括清教徒牧师约翰·威廉姆斯、他的妻子尤尼斯以及他们的 5 个孩子，另外两个孩子已在袭击中丧生。尤尼斯在前往加拿大的途中遇难。到达蒙特利尔后，约翰·威廉姆斯被赎回，5 个孩子中的 4 人，最终也都返回了殖民地。而最小的女儿（也叫尤尼斯）却留了下来，嫁给了一名印第安人。这一举动着实震惊了威廉姆斯一家。后来，约翰·威廉姆斯曾去探望过她，但她却丝毫没有兴趣回到自己原来的家庭和英国移民社会中去。

农作物歉收，再加上农场和谷仓遭受袭击，英国殖民者在一年中最冷的时期中不得不面对食物短缺的威胁。首席牧师英克利斯·马瑟描述了当时粮食短缺的情况和人们对饥荒的恐惧："战争带来的灾祸仍在持续。因物资匮乏而产生的恐惧，在过去的 50 年中从未如此强烈。"

为了应对阿布纳基人的突袭，英国殖民者装备了雪鞋，军事实力得到提升。新法律要求士兵们必须穿着雪鞋作战。英国士兵终于有机会深入印第安人的狩猎场。从此，阿布纳基人再也无法在冬季靠近英国殖民者的定居点。冬季带给阿布纳基人的优势荡然无存。

·· 对文化及社会的影响 ··

气候波动、降温以及饥荒时期的生活经历，影响着文化和社会的发展。欧洲及欧洲移民社会的例子充分地显示出，面对小冰河期的挑战，人类文化和社会所作出的反应。如果我们联想起小冰河期时欧洲人曾生活在冰天雪地之中，就不难理解他们所拥有的那些鲜明的文化形象和偏好。例如，速度滑冰是荷兰人最热衷的全国性运动项目之一。在2014年索契冬奥会上，荷兰队在长距离速滑项目上斩获了23枚奖牌。荷兰拥有许多专业的速滑俱乐部及标准速滑场地。他们在速度滑冰方面的超凡技艺虽具有现代性，但显然是建立在一种悠久的传统之上——他们对速度滑冰的热爱可以追溯到小冰河期。

为什么滑冰运动会在一个当今没有多少天然冰的国家扎根呢？大批荷兰大师的画作以及其他一些不太知名的画家的作品，帮助我们对近代低地国家的生活有了强烈的视觉感受。这些画作的主题多种多样：乡村的风车和农民、骄傲的市民（富裕的城市中产阶级）、家庭生活中的男男女女、各种各样的静物、圣经故事以及许多其他主题。除此之外，这些画作还展示了冰上的场景：人们在冰上行走或滑行。由于艺术创作会受市场偏好的影响，这些画作本身并不能被视为追踪近代欧洲小冰河期的关键证据，但它们却可以帮助我们想象寒冷气候条件下的生活景象。众所周知，覆冰期如今已经越来越罕见，但荷兰的滑冰爱好者们仍希望每年都能够举办在弗里斯兰省进行的总长约 193 千米的特登托赫特冬季滑冰比赛（又称"11 城市巡回赛"）。这项比赛于 1909 年首次举行。由于只有在冰层足够厚时才能够进行，至今总共只举办了 15 次，最近的一次比赛是在 1997 年。而自 1963 年以来，也只举行了 3 次（除 1997 年之外，另两次分别在 1985 年和 1986 年）。2012 年的寒冬，让人们再次燃起了举办比赛的希望，但适宜比赛的气候条件并没能持续足够长的时间。

冰冻还为城市举办集市提供了场地。在伦敦，人们有时会在结冰的泰晤士河面上举行霜冻集市。在 1309—1814 年间，泰晤士河冻结了 23 次以上。在这期间，至少举行了五次霜冻集市，最后一次是在 1814 年。在冰雪阻碍河流航行的时期，举办霜冻集市，为贸易的继续开展提供了机会。除了出售食品和饮料之外，冰场上还会上演特技表演，如大象过河等。泰晤士河的结冰受许多因素的影响，比如旧伦敦桥的结构减缓了水流的速度等，但霜冻集市的举办仍需以小冰河期时更加寒冷的气候条件作为保障。

气候波动不仅创造了不同的生活条件，还对人类文化产生了更加复杂的影响。有些人认为粮食歉收是对罪孽的惩罚。各种不同寻常的事件——北极光、大雪、自然灾害——都可

图 5.2

亨利克·阿维坎普（1585—1634 年），《滑冰者与冬日风光》

资料来源：阿姆斯特丹国立博物馆（由伦勃朗协会赞助购得）

以被解释为这种惩罚的表现。小冰河期中出现的一些现象则更加严重。如果把这些麻烦或灾难性事件归因于罪孽，那么便理所应当应该去寻找那些犯下罪行的人。罪孽可以是普遍的、广泛的，这会招致针对所有人的严厉惩罚；罪孽也可以来源于某些特定的群体，尤其是那些本就身处怀疑、蔑视或恐惧之中的人群。

　　然而，要想确定与气候冲击有直接关联的替罪羊却并非易事。从宗教信仰来看，在欧洲大部分地区犹太人被视为最大的异端，但事实上早在小冰河期之前，欧洲的反犹太主义或对犹太人的敌意就已经存在。1096 年，第一次十字军东征的热情刺激着人们对莱茵河沿岸城镇中的非基督徒犹太人发动了攻击。随着小冰河期的到来，反犹太人的政策和行动激增。1290 年英格兰将其境内的犹太人驱逐出境，1306 年法国也采取了同样的行动。之后，法国君主又把他们召集回来，而后再度驱逐，如此循环往复，这种情况一直持续到1394 年，查理六世最后一次将犹太人驱逐出境。

近代的许多德国作家认为，犹太人身上具有各种各样的弊端。在马丁·路德的笔下，犹太人是"一个沉重的负担，就像瘟疫一般，纯粹是国家的不幸"。但那时，犹太人并没有被当成招致恶劣天气的祸首。对犹太人的仇恨主要是缘于将其视为给他人带来苦难的剥削者。例如，在 1629 年的一幅插图中，一名犹太人举着一面印有"垄断"字样的旗帜，骑在魔鬼身后。这幅图暗示了糟糕的气候应归咎于犹太人的观点，因为无论是插图说明还是图中形象都指向恶劣天气，正如圣经中之言，"我也必命云不降雨在其上"。

此外，为了寻找恶劣天气产生的替罪羊，还直接导致了对巫术指控的激增。在许多欧洲人看来，恶劣天气正是巫术的表现。意大利科尔托纳的神学大师贝加莫·约旦曾断言："通过语言和符号的力量，女巫可以生成冰雹和雨之类的物质。"1486 年，一本关于女巫的小册子《猎巫手册》问世，教皇伊诺森特八世亲自为其撰写序言，其中细数了女巫的种种罪行。英诺森特八世写道："我们确实有耳闻……一些男男女女……毁灭了大地上的物产，葡萄藤上结出葡萄，果树上生长的果实……葡萄园、果园、草地、牧场、玉米、小麦以及所有其他谷物，全都无一例外。"其他人也持有与教皇一样的信念。例如，苏格兰国王詹姆斯六世曾在 1597 年写道，女巫会招来"暴风雨"。

在小冰河期期间，对巫术的指控和惩罚变本加厉。尤其是在 16 世纪末和 17 世纪的严寒时期，对女巫的追捕和审判大幅增加。据统计，女巫受罚现象的增长与气温降低趋势相一致。16 世纪 60 年代，中欧地区对女巫的追捕逐步升级。1563 年，在德国巴登·符腾堡州的维森斯泰希，至少有 63 名妇女因被认定为女巫而遭到火刑。同一时期，苏格兰和英格兰地区的女巫也遭到了同样的迫害。

在 1580—1620 年间，对女巫的攻击达到新的高潮。严寒和粮食歉收引发饥荒。寒冷潮湿的春季和暴风雨天气使得生活在高地和偏远地区的居民格外艰难。焚烧女巫的浪潮随之而来。被烧死在火刑柱上的女巫数量惊人。瑞士伯尔尼共和国沃多伊斯地区共有 1000 多名女巫被活活烧死。洛林公国在 1580—1595 年间处决了 800 多名女巫，到 1620 年这一数字上升到 2700 人。德国特里尔地区也发生了类似事件，在 1581—1595 年间，被烧死的女巫超过 350 人。

17 世纪 20 年代末，在德国的一些小公国中，小冰河期的恶劣天气与猎巫活动之间的联系尤为明显。1626 年 5 月，一场严重的晚霜来袭，当时的人们便把责任归咎于女巫。一篇来自法兰克尼亚公国的报道中写道："所有的东西都被冻住，记忆中从未发生过这样的情形，物价大幅上涨……底层的民众只能依靠乞讨度日。人们质问当局为什么继续容忍女巫和巫师肆意摧毁庄稼。就这样，主教大人惩处了这些罪人。"德国的其他地区也发生了同样的杀戮事件：在班贝格主教的领地上，约有 600 人被处以火刑。可以看出，屠杀女巫最凶猛的地区往往是一些较小的领地，而非大的国家或城镇。

小冰河期时气候恶劣，著名的女巫审判案就发生在此期间。1692 年，马萨诸塞州塞勒姆市新英格兰地区，14 名妇女和 5 名男子被判处绞刑。当局为强迫 71 岁的吉尔斯·科里认罪，用石头压住他的胸口，最终导致科里因伤势过重而死亡。其他人也于监禁期间死亡。另有几人在 1693 年受到审判。通过分析发现，促使这场审判发生的原因可能来自经济、心理或其他多个方面。小冰河期并不一定会在突然之间引发塞勒姆市对女巫的追捕，然而，寒冷、困苦再加上战争，使当地在女巫迫害事件发生前夕已经危机重重。

·· 适应 ··

　　小冰河期影响下的人类社会面临着真正的挑战和困难。对那些处于贸易路线或种植带边缘的国家来说，气候波动可能会迫使它们后撤，甚至出现更糟糕的后果。这场危机的严重性，足以推翻中国大明王朝的统治，加速苏格兰等受灾地区的移民进程。在气候变化和战争的共同作用下，人口出现减少（至少是暂时性的），整体健康状况下降。在中国等人口增长较快的地区，显著的极端气候条件和气候变化将大量人口置于危险之中。另一方面，人类社会在这一时期也在住房、服装和能源等方面做出了调整。从历史的角度看，小冰河期既体现出了人类在气候波动面前的脆弱性，也展示了人类的复原力和适应性。

　　随着气温的降低，欧洲部分地区的居民制造出了保暖性更好的衣物。例如，冰岛女性改进了原先生产羊毛布料的方法。整个中世纪，冰岛妇女一直使用羊毛进行纺织。这些纺织品不仅是出口到欧洲的主要商品，还是冰岛国内流通的一种货币。16世纪至18世纪期间，气温逐渐下降，冰岛妇女开始纺织土布。由于在原料中增加了纱线，织物密度更大、保暖效果更好，更适合寒冷的气候条件。早在14世纪，格陵兰人就采用过类似的方法。有些历史学家曾提出质疑，格陵兰人为什么不像因纽特人那样穿着毛皮衣物，毕竟格陵兰岛上的因纽特人社区在小冰河期中幸存了下来。面对气候波动，冰岛上的定居者也做出了类似的反应，在纺织中普遍使用合股线。这些改变一方面是由于纺织品不再具有货币的功能，另一方面则是受气温下降的影响。

为了使房屋更加温暖，欧洲人还对建筑和施工工艺做出了广泛且具有创新性的改进，为身处寒冷时代的人们带来了些许舒适，如采用密封性更好的玻璃窗等。羽绒床垫等家具在 16 世纪时普及开来。

寒冷的天气促使欧洲人选择保暖性更好的衣物。更加厚重的面料博得了人们的青睐，甚至连精英阶层也不例外。人们挑选毛皮制作的大衣和帽子。尽管品味和时尚会影响人们对服装的选择，但衣物的防寒性也在考虑之中。科隆人赫尔曼·温斯伯格以狐皮为填充物，为自己制作了一件特殊的睡衣。由此历史学家沃尔夫冈·贝林格认为，衣物的保暖性在当时相当重要。

对动物毛皮的追逐，给那些最适合用来制作保暖衣物的物种带来了威胁。原先那些作为欧洲人皮毛来源的动物几乎已被杀绝。许多地区的海狸都已灭绝。而其他能够提供皮毛的动物，包括兔子在内都变得稀有而昂贵。2009—2010 年，海狸的身影重新出现在苏格兰的一片森林中。2014 年，英格兰地区发现个别几只野生海狸，这是自 16 世纪海狸灭绝之后，几个世纪以来首次在英格兰发现野生海狸。

　　欧洲人对动物毛皮的需求刺激着帝国的扩张，同时也推动了与更远区域的贸易往来。俄国于16—17世纪时东扩至西伯利亚，开始从事巨额的貂皮贸易。西伯利亚同时也出产黄金、白银等其他资源，但皮草交易始终是他们最直接最赚钱的一项贸易。征服、殖民和毛皮贸易三者密切相关。1633年，哥萨克军官彼得·贝克托夫在叶尼塞斯克军事长官的命令下，沿东西伯利亚的勒拿河探查。两年多以后，贝克托夫和他的部下"将勒拿河流域许多通古斯人和雅库特人的土地置于沙皇强大的王权统治之下"。他们收到了很多充当贡品的皮草，并在雅库茨克建造了贸易站，后来这里发展成为勒拿河上的主要港口。貂皮贸易发展迅速。1698年，向西运往俄国在欧洲境内地区的毛皮数量达到256837件，到1699年又增长至489900件。皮草贸易历经几代人的经营仍然利润丰厚。博物学家彼得·西蒙·帕拉斯在1779年写道，"黑貂越往东越常见，同时，越是往北往东，越是在高山地区产出的黑貂，其毛皮质量就越上乘"。小冰河期的气候条件强化了人们对皮草这一时尚的追求，从某种程度上推动了俄国向东扩展贸易以满足源源不断的市场需求。

　　防寒服的流行同样为北美西部的商业扩张提供了契机。商人们寻找各种各样的皮毛：狐狸皮、貂皮、熊皮甚至浣熊皮以及麝鼠皮，但最受欢迎的仍是海狸皮。时尚与保暖相结合，催生了对海狸皮的需求。海狸帽随处可见，以海狸皮做里衬的大衣为欧洲市民和精英们带来了温暖。

为了参与海狸贸易，法国、荷兰以及英国的商人们不惜远道而来。英国商人沿康涅狄格河和特拉华河航行，很快就买断了康涅狄格河流域的全部货源。在加拿大，英国商人最远曾到达北部的哈德逊湾，与法国人在那里展开了争夺。17世纪初，法国人刚来到魁北克不久，便开始从休伦湖流域购买毛皮和毛皮制品。每年成千上万的毛皮制品从内陆运往法国人的贸易基地。法国毛皮贸易中心逐渐从魁北克向西转移到蒙特利尔。法国商人沿着圣劳伦斯河，穿过五大湖流域，进入北美腹地。

对海狸的屠杀反过来对环境产生了影响。被杀死的海狸总共多达 5000 万只，导致许多湿润的地区逐渐干涸。理论上，许多地区的海狸都濒临灭绝，从而改变了池塘中甲烷和二氧化碳的通量，其程度或许已足以降低大气中二氧化碳的浓度。

皮草贸易也重新塑造了印第安社会。毛皮竞争助长了冲突和战争。随着时间的推移，印第安人与欧洲人的接触越来越多。印第安人出售各种各样的商品，如武器、酒精等。这些接触也为疾病的传播和毁灭性流行病在北美内陆的蔓延开辟了道路。

小冰河期并没能摧毁人类主要的文明中心。在这一时期，整个北半球的经济发展和文化变革加速了家庭供暖方式的改善。近代，欧洲人把壁炉建在侧墙内，改善了中世纪以来利用屋顶上的洞口排出烟气的做法。为了进一步提高采暖效率，欧洲人开始使用封闭式炉灶。温暖干净的房屋也改变着社会和文化，这种改变广泛而深刻，突破了精英阶层的范围。在德国一年中最冷的日子里，这种新式房间成为了农民室内活动的主要场所。

将煤炭与工业革命相关联，这无疑是正确的，但事实上，早在工业革命之前，许多地区的居民已不再使用木柴来取暖。燃料消耗和居民取暖扩大了对木柴的需求。16 世纪，欧洲木柴价格上涨，偷盗木柴的事件也逐渐增多。18 世纪，欧洲燃料（木柴和煤炭）的价格继续上涨。木材短缺和寒冷的天气激发人们继续对供暖方式加以改进。16—17 世纪，北欧地区装备的砖瓦炉灶比壁炉的木柴利用率更高，且保温时间更长。一些高档住宅，房间的两翼可以封闭，从而减少了建筑面积，降低了取暖成本和燃料消耗。

在英格兰，取暖、建筑工程以及新兴工业对木材的需求日益增加，导致木材供应枯竭。据统计，1608—1783 年，英国用材树的数量从 232011 棵下降到 51500 棵。为了填补缺口，英格兰只得从北美进口，木材的价格一路上涨。

在北美，为了开辟田地以及为房屋建造提供木材，殖民者大量砍伐树木。除此之外，用于取暖的木柴也消耗极大。1686 年圣诞节，一位弗吉尼亚庄园的访客观察到，"尽管天气很冷，但没有人会去刻意地靠近火炉，因为壁炉里的木柴足有一车那么多，整个房间都十分温暖"。1770年，居住在弗吉尼亚州北部的农民兰登·卡特不禁开始担忧今后木材的来源："我忍不住要去想，几年之后我们该从哪里获得木材。如今一年内足足有四分之三的时间需要不停地烧柴取暖。此外，制作圈地的栅栏需要木材，建造、修缮房屋也需要木柴……一年365天，家家户户都要生火做饭。"

木材需求的增加和不断上涨的价格推动人们加大对其他燃料的开发，其中最主要的当属煤炭。长期以来，煤炭在英国的用量一直很少。相比之下，中国大规模开采煤炭的历史已长达几个世纪。在宋代时，煤炭已成为包括首都开封在内的部分北方地区的主要燃料。

然而，英国煤炭的开采以前所未有的速度增长，在工业革命开始之前，煤炭已成为英国的主要燃料。英国的煤炭总产量从1550年的20万吨增加到1800年的900万吨。1550年，从纽卡斯尔运往伦敦的煤炭约为3.5万吨，到1700年，这一数字增至56万吨。

· · 小冰河期气候突变 · ·

在漫长的小冰河期中曾出现过几次气候突变。火山爆发导致剧烈降温。尽管这些火山爆发无法与最初引发小冰河期降临的一系列火山爆发相提并论，但这些独立的火山爆发和短期火山活动，也对小冰河期的气候波动产生了影响。

小冰河期后期，独立的火山爆发事件引发了多个不连贯的剧烈降温周期。冰岛就曾经历过火山爆发导致气候突变的情况。1783 年 6 月，汹涌的熔岩从位于原瓦特纳冰原西南端的拉基火山的裂缝中喷涌而出。喷发一直持续到 1784 年 2 月，共向大气中释放了 120 Tg 的二氧化硫。附近村庄中的牧师乔恩·斯汀里姆斯森生动地描述了拉基火山喷发的情景。他写道："刚开始的时候，地面向上隆起，随着一声巨响，阵风从深处袭来，然后天崩地裂，仿佛有一头疯狂的野兽，正不停地把大地撕扯开来。"四周的恶臭令人难以忍受。"空气中弥漫着海草的苦涩和腐物的怪味，臭气熏天。许多人，尤其是那些患有胸部疾病的人，根本无法顺畅地呼吸，尤其是在看不见太阳的时候。在这种环境下，人能活过一星期，都是件令人惊讶的事。"当熔岩逐渐逼近村庄时，斯汀里姆斯森仍坚定地留在教堂。熔岩在到达教堂之前停止了流动。从此，斯汀里姆斯森便以"火灾布道"而闻名于世。

在这场火山爆发中，多达 20% 的冰岛居民遇难。许多人和动物死于氟中毒。羊和马的死亡率分别高达 75% 和 50%。面对巨大的损失，当时统治冰岛的丹麦王国不得不考虑转移冰岛的全部居民。拉基火山爆发的影响远至千里之外。本杰明·富兰克林写道，"大雾久久不散，笼罩了整个欧洲和北美的大部分地区"。在之后的几个冬天里，远至巴西的大片区域都一直处于寒冷之中。

19世纪早期，位于印尼巴厘岛以东松巴瓦岛上的坦博拉火山喷发，引发了另一段降温期。从1815年4月10日开始，坦博拉火山持续喷发，直至山体坍塌，整座山的高度下降了1400米。顷刻间，成千上万的人失去了生命。而幸存下来的人，随后又面临着海啸的威胁。火山爆发的震动激起高达3.7米的水墙。在火山爆发和海啸的共同作用下，庄稼被毁，数万人死于饥荒。

坦博拉火山喷发对气候的影响范围很广。在南亚，空气中的硫酸盐致使季风推迟，引发干旱和饥荒。在北美，坦博拉火山爆发的余波导致新英格兰地区出现夏季霜冻，人们将那年称为"没有夏季的一年"。没有夏季的那年，寒潮格外猛烈。5月和6月接连出现大霜冻，积雪足有30厘米厚，同时还伴有干旱。7月初，天气寒冷。到了8月中旬，霜冻再次来袭。至此，这个悲惨夏天的苦难还没有结束，9月底又经历了另一场霜冻。佛蒙特州的农民开始以荨麻果腹。粮食歉收加速了居民向中西部移民，从东部迁移到印第安纳州的人数超过4万。

粮食歉收同样也困扰着欧洲。1816年夏天，暴风雨袭击了爱尔兰。连续的降雨泡坏了庄稼。爱尔兰著名的民族主义政治领袖丹尼尔·奥康奈尔写道："此前的任何一个时代，都没有经历过这般危难和资金匮乏的局面。"当时除了爱尔兰之外，英国、法国和德国也普降大雨。捷克斯洛伐克也不例外，但其受到的影响可能没有欧洲其他地区那么严重。

农作物歉收，物价上涨，人民处境艰难，这增加了他们对政治的不满。1815 年，英国与其盟国在滑铁卢击败法国皇帝拿破仑。获胜后的数年里，英国社会一直处于政治动荡之中。这不仅仅是因为受到坦博拉火山爆发所带来的气候冲击的影响，同时还交织着意识形态方面的原因。英国的激进分子要求进行议会改革。1819 年，6 万名群众聚集在曼彻斯特城附近的圣彼得球场聆听激进演说家亨利·亨特的演讲。英国骑兵突然对其发动攻击，造成 11 人死亡，多人受伤。联想到几年前取得的滑铁卢大胜，愤怒的民众把这次事件称为"彼得卢"。

坦博拉气候冲击引发的粮食歉收，推动居民向美洲的移民。爱尔兰就出现了这样的浪潮。流离失所的农民只能依靠乞讨为生。1816 年与 1817 年之交的冬天，异常严酷的气候条件阻碍了莱茵兰和瑞士等地的粮食进口，这些地区刚刚熬过一个寒冷多雨的夏天。人们试图逃离到美洲，甚至连俄罗斯都成为了他们的目的地。

暴风雨天气给旅行者留下了深刻印象，这其中就包括英格兰的一些著名的浪漫主义者。1816 年夏天，拜伦勋爵、珀西·雪莱以及玛丽·雪莱来到瑞士，阴沉的天气可能对玛丽·雪莱的经典小说《科学怪人》的创作产生了影响。而这种影响在拜伦的诗歌《黑暗》中体现得更加直接：

灿烂的阳光熄灭了，星星在永恒的空间里徘徊，

没有光线，没有轨迹，冰封大地。

在没有月亮的黑暗中摸索；

清晨来了又去——却不见白昼。

从中国来看，坦博拉火山的爆发很可能削弱了清朝的国力。这个由满族建立起来的王朝，在 18 世纪时出现了普遍繁荣的景象，人口增长强劲。在对外关系中，其西部和北部与半游牧民族之间的边境也得到了稳定。清朝对蒙古人具有绝对的军事优势。18 世纪中叶，为了解决准噶尔部（漠西蒙古）的持续威胁，乾隆皇帝命令他的将领将漠西蒙古的势力彻底消灭。皇帝下令进行屠杀，"不要怜悯这些叛乱分子。除了老弱之外，一律不留"。

18 世纪末，英国人试图扩大本国贸易，他们发现中国是一个强大而自信的国家。1793 年，乔治·马戛尔尼勋爵率领外交使团来到中国，试图说服中国开展贸易。为了完成任务，他们特意挑选了许多货物：钟表、手表、望远镜、韦奇伍德瓷器及画作，希望能够吸引和打动中国人。然而，清

朝拒绝做出任何改变。乾隆皇帝在给乔治三世的一封信中表明，中国不需要英国商品，"（天朝）无所不有。……然从不贵奇巧，并无更需尔国制办物件"。

然而，18世纪末19世纪初，清朝遭遇严重危机。经济衰退，民族关系紧张，突如其来的气候变化更加剧了这些困境。特别是在坦博拉火山爆发的影响下，位于中国西南部的云南省出现饥荒。可能正是由于粮食歉收，当地绝望的农民放弃了大米等主食的种植，转而种植罂粟，从事鸦片贸易。就这样，他们找到了一种利润丰厚且稳定可靠的经济作物。

从整体上看，气候变化对晚清的影响不如之前对明末的影响那么严重。18世纪80年代至19世纪30年代，中国北方处于降温时期，但降温幅度没有明末那样明显。清政府在组织赈灾方面的能力比明政府更强，内部迁移也比明朝时更加活跃。

坦博拉火山的大规模喷发，在一段时期内加剧了非洲南部社会的政治动荡。历史学家将19世纪初期出现的持续战乱和迁徙称为姆法肯（祖鲁语）或迪法肯（苏陀语）。在这段时期里，人群四处迁移，流离失所，祖鲁王国逐渐称雄。这一系列事件的发生，可以从降水模式上加以解释。18世纪晚期，降雨增加，再加上玉米种植的推广，非洲南部人口有所增长。紧接着，18世纪末19世纪初干旱降临。历史学家一直对社会、政治与气候之间的相互作用争论不休。"姆法肯"（粉碎）一词暗示，战争和迁徙的原因在于沙加领导下的祖鲁人的崛起，但这绝非引起这些事件的唯一因素。

受坦博拉火山爆发以及之前一系列火山爆发的影响，非洲南部的干旱进一步加剧。从模型来看，坦博拉火山爆发会给非洲南部带来明显的降温和干旱，对玉米种植和牲畜饲养都会造成巨大损害。对津巴布韦树木年轮的分析也可以证实19世纪早期确实存在过一段干旱时期。

· · 小结 · ·

小冰河期向许多国家和文明发起了挑战，但最终却证明当时那些最先进的复杂社会的复原力正在日益增强。强有力的证据表明，当时确实出现过气温下降且不同地区最显著降温阶段的确切时间有所不同，尽管这些确切时间究竟是在何时仍存有争议。对于那些生活在北大西洋及欧洲高纬度或高海拔地区的人来说，小冰河期早期最为难熬。在东亚和东南亚，由热带辐合带移动造成的水文气候变化引发了高棉帝国等地的危机。

16世纪晚期至17世纪的强降温阶段，是小冰河期中记录最完备的阶段之一。在降温以及其他因素，如王朝或宗教冲突的共同作用下，出现了历史学家所称的"17世纪危机"。

降温使饥荒进一步恶化。而干旱则加重了明朝晚期中国所面临的负担。

与此同时，在漫长的小冰河期中，气候条件与一些最先进社会之间的关系正在逐渐脱钩，例如，荷兰正是在 17 世纪危机中走向繁荣。近代欧洲国家在应对饥荒的能力上存在很大差异。

❻

人类接管

- 能源革命
- 工业革命
- 碳与气候
- 19世纪的干旱
- 世界大战与福特主义
- 全球化
- 打破限制
- 走向依赖

工业革命重塑了人类社会，改变了人类与地球气候之间的关系。在工业革命之前，人类社会就已经开始开采、利用能源，改造景观，改变了当地的环境。在某些情况下，人类社会的活动可能已经充分地改变了大气成分，从而开始对气候产生影响，尽管前工业化社会是否真的曾影响过地球气候，这一话题仍存在争议。工业革命建立在这些趋势之上，又反过来强化了这些趋势，资源开采、景观改造、局部或区域环境变化都达到了前所未有的程度。工业化引发了一系列日益广泛的经济变革，这些变革始于工业革命，随着20世纪新的生产方式和消费主义的兴起而扩大。在20世纪后期至21世纪早期的工业全球化进程中得到了进一步推广。这些前后相继的经济增长浪潮，主要依赖于化石燃料提供的能量，结果却导致地球大气发生了显著的变化。人类活动成为气候变化的主要动因。

工业化对人类社会与气候之间关系的影响具有两面性：一方面，长期以来人类面对气候变化的复原力和独立性不断增强，工业化强化了这一趋势；另一方面，工业革命和全球现代化生产和消费方式的扩张也使人类社会越来越容易受到气候变化影响。

几千年来，人类社会从全新世相对稳定和温暖的气候条件中获益。集约化农业进一步推广，其规模之大是过去的狩猎采集者所无法想象的。然而，向农业的转变也付出了相应代价，比如人口总体健康水平下降、流行病上升等，但大规模耕作维持了人口的急剧增长。精英阶层和国家政权从大规模农业中获取盈余，建造了众多令人印象深刻的基础设施。罗马的渡槽、中国的大运河、玛雅人的庙宇建筑群、盎格鲁人的神殿等，所有这些都有赖于更多粮食盈余的生产和收集。全新世社会已建立起广泛的贸易网络，但大部分人口仍主要从事农耕。

全新世时期，气候总体稳定，但人类社会仍经历了气候波动。气候条件总体来看有益于耕种和交流，但仍有一些微小的变化，对罗马帝国、中国汉朝以及玛雅文明古典时期等阶段的人口增长起到了推波助澜的作用。在欧洲，中世纪气候异常期促进了农耕在欧洲内部的推广，降低了在北大西洋区域定居的难度。良好的气候条件并不能单独决定任何一种文明的独特命运，无论是罗马、中国汉朝、玛雅城邦，还是另外一些复杂社会都是如此，但相对温暖的气候和可靠的降水有助于人类社会的发展和扩张。相比之下，气候变化带来的寒冷和干旱，对全新世社会构成了挑战。尽管许多社会已经成功地适应了小冰河期的气候波动，这一时期的气候变化，并没有直接导致人类社会的衰落或崩溃，但它们还是可能给某些社会施加了巨大的压力，成为其彻底崩溃或部分毁灭的诱因之一，如被居民完全遗弃的查科峡谷以及虽然延续了下来，但许多古典时代的大型城池和场所都已遭到抛弃的玛雅文明。

在全新世期间，面对普通的气候波动，复杂社会通常会表现出更强的复原力。最早从青铜时代开始，人类对气候条件的依赖性便开始减弱。在铁器时代，随着交通网络、仓储设施的发展，越来越多国家有能力监测和应对粮食短缺，人类社会的复原力进一步增强。例如，清朝在尚未衰落之时，已能够在受干旱和饥荒影响的地区提前囤积粮食，减轻赋税。

气候波动尽管会给受灾地区带来苦难，特别是那些居于边缘地区的居民，但通常不会危及复杂社会和文明。

近代，农业生产方式的改良提高了作物产量。随着贸易的兴起，用于交易的粮食种类也越来越多。因此，全新世时人类社会对典型气候波动的复原力继续增强。贸易网络可以将一年中不同时期、不同地方出产的作物汇聚在一起，从而在更大程度上保障了粮食安全。因此，欧洲部分地区在小冰河期结束之前就已经摆脱了生存危机。例如，17世纪中叶，大多数英格兰人已不会再遭受大规模饥荒的折磨。东南亚的一些复杂社会在面对干旱时也表现出了复原力的提高。

全新世时期，人类社会适应及应对气候波动的能力增强，但人口的增长仍然增加了灾难爆发的可能性。对比生活在史前时代的智人，结果令人惊讶。这些早期人类面临着各种各样的致命危险和威胁，但即使寒潮曾导致人类谱系的中断，一小群狩猎、采集者仍能够以某种方式分散开来，继续繁衍。相比之下，数量更加庞大的农民群体，要想做到这一点却困难重重。对于他们而言，最好的结果是通过移民来应对饥荒，但前提是有地方可供迁徙，如前文提到的苏格兰－爱尔兰人的例子。而在最坏的结果中，则会有数以百万计的人死亡。在这种情形中，人类的不当反应往往会加剧气候波动所带来的影响。

·· 能源革命 ··

能源革命发端于近代。全新世晚期，人类社会的资源需求普遍增加。不管是作物产量的提高，还是贸易网络的扩大，对水和能源的需求都越来越多。此时，许多国家正处以经济技术密集发展阶段，尚没有进入全面工业化阶段。

在前工业时代中，诞生了一些经济强国，包括中国、荷兰、英国等。中国在宋朝统治时期，铁和煤的生产得到了极大的推广。在北宋都城开封，居民将煤炭作为主要的燃料来源。然而，其后这一经济技术的发展势头开始放缓。和宋朝一样，清朝同样也实现了人口和经济的高速增长，但这种增长并没有能够持续到 18 世纪晚期。

16 世纪末至 17 世纪，荷兰也同样经历了一轮人口、经济以及技术的发展浪潮。很大一部分人口开始从事农业生产之外的工作。在能源方面，泥煤的使用越来越普遍。包括现阿姆斯特丹史基浦机场在内的许多地区都曾是泥煤开采区，当地的许多湖泊都是因开采泥煤而形成的。

由于现有资源的压力过大，英格兰也开始转向新能源的开发。早在中世纪晚期，由于木炭原料——木材的短缺，英格兰东南部的钢铁和玻璃制造业曾出现过衰退。17 世纪，煤炭成为主要的热能燃料，煤炭的开采规模变大。城市发展，尤其是伦敦的发展，极大地刺激了对能源的需求。伦敦人口在 1600 年时约为 20 万，一个世纪后便增长到 57.5 万 ~ 60 万，越来越多的城市居民将煤炭作为主要燃料。《鲁滨逊漂流记》的作者，作家兼小说家丹尼尔·笛福曾描述过："庞大的船队，源源不断地为这个需求日益增长的城市运来煤炭。"

16 世纪至 17 世纪，英格兰北部纽卡斯尔的煤炭运输量急剧增加。早期的煤矿通常是由农民经营，作为副业。在英格兰东北部的诺森伯兰郡、达勒姆郡和中部的斯塔福德郡，煤炭的开采规模越来越大。威尔士南部的开采量也日益增加。

矿工们最初只需在接近地表的区域作业，但由于煤炭需求增长过快，离地表较近的储煤很快便被开采殆尽，工人们不得不在深度超过约 30 米的区域进行开采。到了 18 世纪早期，又进一步下降到约 91 ~ 122 米的深度。这使得采矿的成本更高，风险更大。在隧道和矿井的顶部必须要铺设一定长度的木材作为支撑，而较深的矿井则还需有竖井以保障通风。

煤炭需求量增加给开采带来的挑战，导致能源生产领域出现了一场关键的革命。从某种程度上来说，问题并不复杂：英格兰和威尔士的矿工，在地下更深更大的矿洞中开展采煤作业时，水会流入矿洞。即使矿工们能够正常呼吸，能够躲过顶部坍塌和爆炸，但透水始终是一个大麻烦。要解决这个始终存在的问题，却绝非一件易事。有些煤矿利用马匹从矿井中抽水，但这是一种低效、缓慢且不经济的方法，尤其是当矿井达到一定的深度时更是如此。简而言之，如果没有更好的方法把水从更深的矿井中排出，英国将面临着煤炭短缺的风险，从而无法满足消费者以及新兴产业不断增长的需求。事实上，从 17 世纪开始，人们就开始尝试发明新机器，来解决这个问题，但始终没有成功。17 世纪 60 年代，伍斯特侯爵可能曾发明过某种机器，类似于蒸汽机的雏形，专门用于排水。

1712 年，来自康沃尔郡的铁器商托马斯·纽科门和管道工约翰·卡利合作发明了一种用来给矿井抽水的蒸汽机。他们在英格兰西米德兰兹地区斯塔福德郡的一个煤矿里展示了他们的设备。然而，利用这种机器进行抽水，不但成本高，效率低，还浪费了大量的热能，但比起之前的种种方法，已有了长足的进步。一台纽科门蒸汽机就可以替代五十匹马驱动的水泵。

纽科门蒸汽机对未来工业和气候的重要性，体现在两个方面：首先，它维持了煤炭开采量的增长。在接下来的 20 年里，总共有 100 多台纽科门蒸汽机投入使用，为 18 世纪煤炭开采量的持续增长做出了贡献。其次，纽科门蒸汽机以煤为燃料，加热锅炉，获取动力。这种用煤作为动力源，来帮助开采更多煤资源，从而产出更多能量的方式，对地球大气的影响很小。这种以化石燃料驱动机器，以开采更多化石燃料的模式为未来开辟了道路。

18 世纪 60 年代，苏格兰发明家兼工程师詹姆斯·瓦特被派去格拉斯哥大学修理那里的纽科门蒸汽机，之后他便开始着手改良蒸汽机的设计。1765 年的一天，他一边在格拉斯哥的草地上散步，一边思考着改良方案。突然，一个解决方案出现在他的脑中："一个想法涌入我的脑海，蒸汽是一个弹性体，它可以涌入真空中。如果把气缸和一个充满蒸汽的容器联通，蒸汽就会一拥而入，那么在不需要冷却气缸的情况下，蒸汽也有可能会凝结。"今天，一尊瓦特的雕像矗立在这片草地之上，以纪念这一时刻。依据这一想法，瓦特制造出一个独立的蒸汽冷凝室。与纽科门蒸汽机相比，新蒸汽机的效率有了大幅提高。瓦特改良蒸汽机，为进一步的革新拉开了序幕。

18世纪70年代，瓦特的商业伙伴破产，由来自伯明翰的制造商马修·博尔顿取而代之，二人开始生产和销售改良后的蒸汽机。到1800年，他们共生产了大约450台机器。博尔顿把蒸汽机推广到采矿行业之外。1785年，理查德·阿克赖特首次将蒸汽机应用到纺织品的生产中。虽然最初的目的只是抽水，但在接下来的20年里，发明家们不但研发出了动力织机，还对其进行了一系列改良。除此之外，博尔顿本人还利用蒸汽驱动的工艺铸造过硬币。

·· 工业革命 ··

18世纪晚期，英国开始将燃煤蒸汽机投入到工业和农

业生产之中，结果大大推动了二者的发展，经济和人口的增
长规模超越了之前世界历史上的其他任何时刻。但许多抗议
者和改革家却很快注意到，工业革命致使一部分工人失业，
另一部分工人则处在十分恶劣的工作条件中，而生产力却得
到了空前的提高。当其他一些技术先进的社会遭遇到发展瓶
颈时，英国却在产量、生产力、人口乃至人均收入等方面经
历了长达几十年的持续增长，在世界上创立了一种前所未有
的新型社会。

图 6.1

工业化的开端 19 世纪早期兰开夏郡的一座城镇

　　资料来源：伦敦威康图书馆

一系列产业迅速发展起来。18 世纪 80 年代，当时正处于工业化的第一阶段，纺织业以指数级的速度增长。这为后来的工业化国家开辟了一种范式。这些国家的工业化往往从服装和纺织品的加工开始，而后逐渐扩展到其他领域。只需看一看帽子、运动服、针织衫等服装标签上的原产国，便不难发现这种生产模式一直延续至今。

19 世纪早期的工业化也带来了铁产量的快速增长。19 世纪 20 年代，蒸汽动力在火车发动机上的应用，引发了进一步的技术创新和工业扩张。其他许多西方国家，纷纷效仿英国，迅速建立了一个广泛的铁路网络。这不仅极大地加速了交通和通信，还为铁产量的进一步提高，带来了需求。1830—1850 年间，英国修建的铁路总长达到约 9656 千米。

19 世纪的英国城市因其增长的速度、充满活力的市场和文化生活而闻名于世，但也因污秽和肮脏而声名狼藉。英国中部和北部的城市，如伯明翰、曼彻斯特等，在几十年内发展为重要城市。位于西米德兰兹郡，距伦敦北部和西部约 125 英里的伯明翰，是今天英格兰的第二大城市。在 1800 年，它就已经是一座人口超过 7.3 万的繁荣的大型城镇。作为金属加工工业等其他许多工业的中心，伯明翰继续发展。1851 年，人口普查结果显示，伯明翰已成为一个拥有超过 23.3 万居民的城市。

曼彻斯特的地理位置更加靠北，距伦敦约201千米。在现代早期，曼彻斯特集镇曾是纺织中心，于18世纪晚期开始工业化。曼彻斯特向西约48千米就是利物浦港口，如此靠近港口的地理位置使得曼彻斯特很容易开展棉花进口的业务。到1821年，曼彻斯特已经拥有66家棉纺厂，又经过几十年的发展，数百家棉纺厂遍布全城。经济转型将曼彻斯特改造成为一座城市。人口从1800年的7万多增加到1851年的30多万。

令这些新兴工业城市名声大噪的不仅是生产的提高，还有它们因工业化而付出的代价。从农村移居而来的工人享有的住房标准很低。烧煤燃烧产生了浓重的恶臭和烟雾。1854年，查尔斯·狄更斯在他的小说《艰难时世》中描述了一个典型的英国北部城市的情况，他没有用某座城市的名称，而是将这座城市命名为"焦煤镇"。正如狄更斯所言，焦煤镇"是一座红砖城，或者说要不是因为这些烟雾和灰烬，这些砖本该是红色的；但就目前来看，这是一座红黑相间的城镇，很不自然，就像一张涂满脂粉的野人的脸。这儿到处都是机器和高耸的烟囱，从烟囱里冒出无穷无尽的烟蛇，盘旋在城镇上空，永不消散。这儿还有一条黑色的运河，一条紫色的河流混合着难闻的燃料。一大堆充满窗户的建筑，整天不停地颤抖，发出嘎嘎的声响。在那里，运转中蒸汽机活塞，单调地一上一下，就像一只处于忧伤癫狂之中的大象的头"。焦煤镇的原型可能是曼彻斯特，但它也可以代表许多正在发展中的城市。技术会发生改变，但是空气和水遭受污染的基本模式将会在 20 世纪和 21 世纪的许多工业化城市中重复出现。

在那时，伦敦是英格兰最大的城市，后又成为全世界最大的城市。作为英国的首都和经济中心，伦敦在 1801 年时已拥有约 100 万人口，1901 年增长到 620 多万。伦敦虽然是一个重要的制造业中心，却并不是一个以工厂为主的工业城市，如曼彻斯特那般。伦敦的贫民窟里挤满了穷人，但另一方面它也是消费主义的中心。人口增长和各种经济活动都需要更多的能源。新兴工业化社会推动了化石燃料的进一步开采。制造业、采暖业和运输业都依赖于大量的煤炭供应，特别是铁路和伦敦地铁的建设更加大了对煤炭的需求。

尽管存在批评，但新工业社会仍获得了"进步引擎"的赞誉。生活在 19 世纪中叶的英国人清楚地知道，他们生活在一个与过去截然不同的时代。1851 年举办的大博览会凸显了当时的进步。这次博览会的正式名称为"万国工业博览会"，成为了后来世界博览会的原型。

这次博览会的主要展览场地被称为水晶宫，是一座高耸的以玻璃为主体的建筑。它提醒着每一位访客和路人工业化的非凡成就。在大厅里，参观者可以看到许多机器和商品。大批的人争相涌入大博览会，为此一名叫做托马斯·库克的旅行商甚至专门安排了专列火车，先后组织了 600 多万人前往伦敦，观看展览。

工业革命从英格兰蔓延到欧洲其他国家、北美及东亚。19 世纪初，依靠从英格兰引进的技术，新英格兰地区的工业开始兴起。19 世纪中后期，马萨诸塞州洛厄尔等工业重镇的产量大幅增长。在欧洲大陆上，德国实现了工业化。德国西北部鲁尔区的煤炭产量从 1850 年的 170 万吨，增加到 1870 年的 1160 万吨。19 世纪晚期，新统一的德意志帝国成为了钢铁生产及新经济领域，如新兴化工、电气行业等的领跑者。

在美国强迫日本开放贸易之后，工业化也开始在日本扎根。自 17 世纪以来，日本的幕府将军或军事指挥官，关闭了几乎所有与西方的贸易。为了展示武力，美国海军准将马修·佩里带领着他的军舰于 1853 年抵达江户城（今东京）。这在日本开启了一段快速变革和政治斗争的时期，最终导致 1868 年天皇统治复兴，明治维新开始，日本步入了一个快速现代化的时期。在此期间，日本积极寻求外国专家，开始推进工业化，正如 1868 年 4 月《宪章誓言》中陈述的那样："从全世界寻求知识，以加强帝国统治的基础。"

工业化进一步加快了化石燃料的开采和消耗。这并不是因为第一批兴起的工业完全依赖蒸汽动力，甚至连主要依赖都算不上。今天，我们仍可以从早期工业革命所创造的景观中看出，水车在当时发挥的积极作用：老作坊镇中保留下来的作坊都集中在河流周围。但是从 19 世纪开始，作坊越来越多地使用蒸汽动力。在英国，蒸汽动力的成本在 19 世纪 30 年代、40 年代大幅下降，缓解了动力源转变的压力。燃煤蒸汽机在英国纺织品生产中的使用增加。在美国，早期作坊通常使用水作为动力源，但在内战后蒸汽机得到了越来越多的应用。

工业革命的诞生和发展给其后的气候史带来了多重影响。工业化以指数级的速度扩大和加强了化石燃料的使用。到 1815 年，英国人均煤炭消费量是法国的 50 倍，是德国的 30 倍以上。

整个 19 世纪，煤炭仍是占主导地位的化石燃料，但石油和天然气的开采和使用也在工业化的进程中开始加速。1859 年，宾夕法尼亚州开始进行石油钻探，燃气内燃机的发展为石油创造了一个新的市场。1861 年，德国工程师尼古拉·奥托制造出一台汽油发动机，后又于 1876 年生产出一台四冲程内燃机。1885 年，戈特利布·戴姆勒发明了一种高速发动机，1913 年，亨利·福特开始大规模生产 T 型车。新型发动机增加了对石油的需求，为未来交通运输能源使用量的飙升打下了基础。

电气化进一步提高了对化石燃料的需求。在步入工业时代之后，许多家庭仍然十分昏暗。19世纪，煤气灯迅速普及。到了19世纪末20世纪初，一系列发明家终于解决了如何生产电以及如何用电来照明的难题。托马斯·爱迪生发明了第一个具有商业意义的白炽灯。人工照明的普及改变了人们的生活和工作方式，也进一步增加了对化石燃料尤其是煤炭的需求。在工业时代的大部分时间里，火力发电厂是生产电力的主力军。

和石油、煤炭一样，天然气也成为了重要的化石燃料。天然气存在于沼泽和油田中，通常的做法是将其燃尽。第二次世界大战之后，天然气的大规模使用开始兴起。作为发电站和家庭供暖的主要燃料，天然气的使用在进入21世纪后继续增加。

化石燃料使用的指数级增长使工业社会获得的能量之多，是世界历史上任何时候的人类都难以想象的。化石燃料的开采和消费带来了前所未有的移动速度。火车运行速度之快，在早期甚至引发了人们对健康的担忧。乘坐火车或蒸汽船确实具有压缩时间和空间的效果。工业社会的普通公民可以相对轻松地进行远行。英国人、德国人、美国人和其他工业化国家的居民还享受着过去连做梦也想不到的热和光。19世纪末，工业化时代的大规模生产，使得大规模消费成为可能，到了20世纪更是如此。

然而，动力和速度也有致命的一面，且不仅限于工伤或交通事故的受害者。工业化时代的战争，对大量的战斗人员和平民来说，更加致命。进行长途旅行的人、购买服装或家庭用品的人，比以往任何时候都多。同样，在第一次世界大战和第二次世界大战中丧命的人，也比以往任何战争中死亡的人都多。

·· 碳与气候 ··

18 世纪后期到 19 时期早期的英国工业化，塑造了未来的气候。这主要不是因为一个国家的早期工业化大大改变了大气的化学的成分，而是因为在英国创建这条路径后，其他国家纷纷效仿，从而共同提高了空气中二氧化碳的水平。我们对今天所谓的"温室效应"的理解大约是从这个时候开始的。1824 年，法国数学家和物理学家约瑟夫·傅里叶第一个描述了大气对地球升温的作用。他断定，如果没有大气层，地球的温度会低得多，并与此前的实验进行了类比。这个实验证明，盒子上的玻璃盖会产生升温效应。35 年后，一位名叫约翰·廷德尔的爱尔兰物理学家开始对各种气体的辐射特性进行实验，结果发现水蒸气和二氧化碳等气体具有很强的吸热能力。他提出，这些气体的变化可能会引起气候的变化。这一观点在当时并没有被广泛接受，但却得到了路易斯·阿加西等自然学家的推崇。基于早期自然学家的研究成果，以及阿加西自己在阿尔卑斯山中的观察，1837 年阿加西提出，地球曾经历过一个伟大的"冰河时代"。科学界一直拒绝接受阿加西冰河时代的理论，直到 19 世纪 70 年代，这一理论才得到广泛认可。

关于温室气体对大气影响的关键研究，来自瑞典的诺贝尔奖得主，化学家、物理学家斯万特·阿列纽斯。他在 1895 年发表了一篇关于二氧化碳和水蒸气对地球气温影响的论文，后来又帮助阐明了水蒸气的反馈作用。阿列纽斯计算出，如果地区没有大气层，二氧化碳会使当前的气温上升 21℃，而升温产生的水蒸气又会使得气温额外再增加 10℃。1904 年，阿列纽斯又指出，工业生产增加的二氧化碳会提高大气温度。当时的绝大多数科学家都不赞同他的观点。20 世纪中期之前盛行的观点是，人类活动的影响微不足道，根本无法超越自然力量的影响，或认为任何二氧化碳的增加及其引发的气候变暖实际上都是有益的。美国各地的温度测量始于 19 世纪末，到 20 世纪 30 年代的测量结果反映出全球变暖的趋势。1938 年，蒸汽工程师盖伊·斯图尔特·卡伦达将这种变暖归因于大气中二氧化碳浓度的不断上升。他写道，几乎没有人"准备承认，人类活动能够对如此大规模的现象产生影响"，但他希望他的研究能够"表明这种影响不仅是可能的，而且实际上正在发生之中"。他的结论是，由于全球变暖，"致命冰川的回归将会无限期推迟"。

对工业活动会增加二氧化碳影响的观点在 20 世纪 50 年代开始转变。斯克里普斯海洋研究所的科学家罗杰·雷维尔以及美国地质调查局的汉斯·休斯宣称，"人类正在进行一场大规模的地球物理实验，这种实验在过去不可能发生，将来也不可能重现。在几个世纪之内，我们将把几亿年来储存在沉积岩中的高浓度有机碳重新带回大气和海洋之中"。他们注意到，当时缺乏可用的信息来预测由于矿物燃料燃烧而引起的气候变化，特别是如果矿物燃料的使用继续以指数速度增长下的变化，他们呼吁地球学家尽力收集这些信息。

雷维尔与同样来自斯克里普斯的查尔斯·基林以及美国气象局的哈里·韦克斯勒合作，开始直接测量大气中的二氧化碳的含量。1958 年，他们在夏威夷的莫纳罗亚进行了第一次测量，此后逐渐扩展到其他许多地方。而 1958 年以前的二氧化碳浓度则是根据冰芯内的气泡来测定的：1850 年的浓度为 285ppm，这一数值处于冰期或间冰期波动期间观测到的自然范围的上端。第一次世界大战前夕，工业化向欧洲国家和北美蔓延，这一时期二氧化碳浓度升至 300ppm 以上。1958 年在莫纳罗亚的第一次测量显示，这一数值已经上升到 315ppm。

·· 19 世纪的干旱 ··

　　人类日益成为气候变化的推动者，与其同时，自然灾害也继续影响着不断增长的人口，特别是干旱，给人类带来了巨大的挑战。19 世纪晚期，北美曾出现过多次干旱。 19 世纪 50 年代中期到 60 年代中期的一场严重干旱，给本就已经被大量捕杀的野牛，带来了沉重打击。其后，在 19 世纪 70 年代及 90 年代，又分别发生了两次严重干旱。

　　19 世纪 70 年代后期，厄尔尼诺现象引发的干旱对包括中国、韩国、印度、巴西、埃及、南非在内的许多地区造成了影响。1877—1879 年间，巴西大旱引发经济衰退。在现实饥饿前景的驱使下，来自东北部的难民，纷纷逃离内陆地区：内陆人口在两年内下降了约 90%。受干旱威胁的难民涌入沿海城市，又面临着进一步的困难和危险。在印度，死亡人数高达 600 万～1000 万人。那些能够走出饥荒地区的人们涌向锡兰（今斯里兰卡）等地区。干旱蔓延到中国北方，1877 年至 1879 年的饥荒导致北部省份的死亡人数达到 900 万～1300 万人。黄土高原上的山西省是受灾最严重的省份之一。道路不畅增加了向山西运送赈灾物资的难度。上海出版的报刊公布了这场灾难的严重程度，曝光了吃死尸甚至是人吃人的现象。

　　行政效率衰退是这场灾难的原因之一。此前，清朝曾出台过一系列应对饥荒的措施。政府低价购买粮食,到粮食短缺时再低价出售,同时免除受灾地区的税收。官员对灾区进行实地调查,并与当地大族合作赈灾。但到了 19 世纪 70 年代末,多年来严峻的外部挑战和内部破坏削弱了中国的国力。中国曾经拒绝过英国扩大贸易的提议;然而,仅仅过去了不到 50 年的时间,在 1839—1842 年的鸦片战争中,中国发现自己已无力阻止英国的进攻,后又在 1856—1860 年的第二次战争中遭受了更大的损失。与此同时,中国经历了大规模的内部叛乱和起义,如 1850—1864 年的太平天国运动。这场运动使中国大片地区深陷战火之中,造成数百万人死亡。

面对 19 世纪厄尔尼诺现象带来的干旱,清帝国在防范饥荒方面远没有前几个朝代那么有效。多年的战争和动乱破坏了粮食储备体系。当时的粮食储备量还不到清朝鼎盛时期的一半。而战争的失败,使得政府把重心从为平民百姓提供救灾物资转移到为军队提供补给之上。面对两方面相互竞争的威胁,清政府出现了分裂。洋务运动的倡导者反对清政府将用于改善沿海防御工事的资金用于赈济饥民。面对这些相互矛盾的需求,清政府试图能够二者兼顾:在继续寻求强国之路的同时,也提供饥荒救济。

厄尔尼诺现象引发的饥荒所导致的死亡人数,既令人惊恐又引人深思,因为它似乎颠覆了人类在面对气候波动时日益强大的复原力。干旱和人类的应对措施都会对饥民的生存机会产生影响。在印度，英国官员为自己给印度人争取捐款的活动感到自豪，但其中一些官员认为英国的政策难以让人心安。一些印度人也对英国人避免饥荒的承诺提出质疑。印度早期民族主义者苏伦德拉纳特·班纳吉认为，干旱的结果反映出政府的缺陷。"然而我们被告知饥荒是由干旱引起的；是自然运作的结果，政府和人类机构都无力避免。但我们要问——干旱是否仅发生在印度？……其他国家也遭受了干旱，但他们并没有陷入饥荒。"

19 世纪以另一场严重的厄尔尼诺事件结束。1898 年，干旱袭击了中国北方。许多农民发现他们没有食物。对食物的迫切渴望促使人们开始吃树皮以及几乎任何能找到的东西。有些人甚至会出售自己的孩子。灾难的严重程度令观察者震惊，"内陆地区正面临着可怕的饥荒。一路上……寸草不生，今年因饥荒而死亡的人数一定是惊人的"。干旱和饥荒导致了义和团运动的爆发。义和团习武，同时也开展宗教活动。他们反对外国势力在中国的影响，反对基督教传教士的活动。事实上，义和团把恶劣天气归因于外国势力的影响。义和团的宣传单上写着："当外国人被消灭的时候，天就会下雨。"义和团对使团和传教士发动了袭击，还破坏了铁路和电报线路。在得到慈禧太后的支持后，义和团进驻北京，并在那里对外国外交官发起了围攻，直至 1900 年 8 月，由

日本、俄罗斯、法国、英国、美国、德国等国组成的军队占
领了北京。

厄尔尼诺事件同样也在印度大部分地区引发了严重干
旱。1896年春，降雨不足导致粮食价格上涨。到了秋天粮
食骚乱爆发。美国传教士R.休姆在给《纽约时报》的一封
信中写道："粮食骚乱随处可见。"小说家纳撒尼尔·霍桑
的儿子朱利安·霍桑描述了从火车窗户看到的一家人尸体的
情景，"他们蹲在那里，已经全都死了，破烂的衣服在周围
飘动"。仅孟买一地就有将近75万人死亡。总督埃尔金勋
爵估计整个印度大约有450万人死亡。即使在1898年雨季
再次来临之后，死亡人数仍在增加。之后，印度再次因缺乏
降雨而受灾。1899年，饥荒卷土重来，印度各地的死亡人
数以百万计。

19世纪90年代至20世纪初，饥荒给印度、中国、巴
西东北部、荷属东印度群岛以及非洲带来了深重的苦难。饥
荒源于气候变化和人类活动的相互作用。厄尔尼诺事件造成
了广泛的干旱。雨水不足是导致作物歉收和粮食短缺的首要
原因。然而，此时西方国家已经具备了避免生存危机的能力，
因而这场灾难的死亡人数之多，苦难之深尤其令人震惊。气
候波动虽然依旧会对供水和农作物产量产生影响，但工业化
世界也已经获得了更大的能力，能够承受全新世典型的气候
波动，而避免遭受巨大的死亡和痛苦。既然如此，为什么在

中国、印度、巴西东北部、荷属东印度群岛以及东非和南非地区仍会有这么多人死亡呢？

除了厄尔尼诺事件本身，当地治理能力的退化以及西方意识形态的力量加剧了干旱的影响。这些饥荒发生在帝国主义鼎盛时期，其发生的时间和地点也引起了人们对西方世界（尤其是英国）的审视与反思。英国在印度并没有完全忽视救济，但坚持自由贸易和降低行政成本的愿望加剧了饥荒的影响。实际上，印度在 1878 年、1896 年以及 1899—1900 年饥荒期间仍没有停止粮食出口。

同样遭受干旱的还有菲律宾。刚刚在美西战争中夺取了这些岛屿的美国军队，为了镇压当地叛乱，减少了粮食供应。1900 年，美军摧毁了当地的米店，不难预见由此造成的死亡。迪克曼上校在有关菲律宾的说明中写道："许多人将在六个月内饿死。"饥荒又进一步提高了流行病的死亡率。

政治反应加剧了巴西的饥荒。巴西沿海港口城市试图阻止那些来自内陆的逃荒者。许多流离失所的人在牧师康塞雷罗领导的一场宗教运动中寻求庇护。康塞雷罗建造了一座他所谓的圣城。由于担心这一运动追求激进的目标，巴西政府派遣部队对该运动位于巴伊亚州卡努杜斯镇的基地发起了袭击。尽管向城市移民可能会减少当地劳动力的供应，但几乎没有证据能够表明，卡努杜斯的居民有任何反抗巴西政府的意图。一名天主教守卫誓死守卫卡努杜斯，一再击退联邦军队，直到联邦军队再次发起攻击，最终攻陷该城。

在非洲南部和东部，帝国统治加上疾病的快速传播，加剧了当地人的苦难。牛瘟这种极为致命的病毒，使得大量牲畜死亡，对当地经济造成了破坏。19世纪末至20世纪初，非洲爆发了反抗新建立的欧洲帝国政权的起义。叛乱者将导致非洲牛群死亡的疾病和日益不稳定的气候归咎于新来的统治者。1896年，在津巴布韦反抗英国人的起义中，一位宗教领袖告诉士兵："这些白人是你的敌人。他们杀了你的父亲，把蝗虫这种疾病送到牛群中，他们迷惑了云层，我们才会缺雨。"干旱加剧了对殖民统治的憎恨，莫桑比克和坦噶尼喀（今坦桑尼亚）爆发了起义。1905—1907年间，为了镇压马吉叛乱，德国在东非的军队进行了一场灭绝运动。

1896年，当时德国殖民下的"西南非洲"（今纳米比亚），牛瘟肆虐，很快杀死了赫列罗人的大部分牲畜。德国引进了疫苗接种，但结果喜忧参半，许多接种过疫苗的牛很快死亡。牛瘟加上造成大量人口死亡的疟疾和斑疹、伤寒，严重损害了赫列罗社会，最终推动了1904年赫列罗起义的爆发。作为回应，驻纳米比亚的德国指挥官洛塔尔·冯·特罗塔将军发动了一场毁灭运动，历史学家普遍认为这是一场发生在20世纪早期的种族灭绝事件。

厄尔尼诺—南方涛动驱动下的干旱一直延续到20世纪。20世纪30年代及50年代，北美分别发生了两次干旱。正如在中世纪气候异常期期间，广泛的拉尼娜现象引发了北美地区的干旱，20世纪寒冷的热带太平洋海域也为干旱提供了条件。在美国大平原地区，沙尘暴导致大量农业损失，数百万人口被迫迁移，不良的土地管理又进一步放大了拉尼娜干旱的影响。由于种植易受干旱影响的小麦，再加上不当的栽培方法，土壤开始退化。20世纪30年代初干旱来袭时，风蚀造成的土壤流失引发了大规模的沙尘暴。大气中的灰尘遮蔽了阳光，加剧了干旱的影响。

·· 世界大战与福特主义 ··

进入工业时代以后，厄尔尼诺事件造成的气候波动，比人类活动对气候活动的改变要更加剧烈。20世纪，产业化的规模继续增长，能源消费和生产也出现阶段性增长。经济增长不是线性的。第一次世界大战对世界经济造成了严重损害。20世纪20年代，出现了经济复苏，但并不平衡。美国经济蒸蒸日上，而欧洲各国的增长则较为温和。1929年的股灾以及20世纪30年代的大萧条，是世界经济和资本主义制度在现代所遭遇到的最大危机。美国、英国、德国等国的工业产出在打击之下出现急剧收缩。尽管如此，工业化的印记仍足以使大气中的二氧化碳水平继续上升，但速度却远不及 20 世纪下半叶。

第二次世界大战带来了经济产出的增长，同时也引发了灾难：一方面，美国彻底告别了大萧条时代。1940—1945 年，美国国内生产总值增长了大约 70%。这个在战争中崛起的国家，发展成为一个超级大国。另一方面，到战争结束时，战区各国的基础设施和生产均遭到巨大破坏。

战争结束后的几年内，世界经济进入快速增长时期。"福特主义"经济模式的推行，使消费耐用品的大规模生产和大规模消费开始急剧增长。20 世纪早期，亨利·福特进行了第一次实践，他将生产的 T 型车以低廉的价格出售，以使更多的人能够负担得起。耐用消费品的大规模生产、低价耐用的物品，耐用品的大规模消费或购买以及足以购买这些物品的工资，这些构成了广义的福特主义。在第二次世界大战之前，福特主义仍处于初期阶段。

第二次世界大战后，福特主义作为一种经济模式，在整个工业世界的地位变得更加牢固。在欧洲，20 世纪 40 年代末购买和拥有私家车仍是一件稀罕事，但到了 20 世纪 60 年代，这种现象已变得司空见惯，并在此后持续上涨。同样，洗衣机等其他耐用消费品的购买量和拥有量也呈指数级增长。20 世纪五六十年代的经济增长率是无与伦比的。在战后的西德，人们谈论着"经济奇迹"。英国首相哈罗德·麦克米伦在 1957 年宣称，"让我大胆坦率地说——我们的大多数人民从未有过如此美好的生活。去全国各地走一走，去工业城镇，去农场，你会看到一片我们此生从未见过的繁荣景象，甚至可以说是在这个国家的历史上也从未有过的繁荣景象"。事实上，当时英国经济的增长速度远不如其他许多欧洲国家，但从更广泛的意义上来看的确如此。战后，福特主义提高了产量和生活标准。这种新的生活标准增加了对化石燃料的需求。虽然不同国家和地区对煤炭产量的确切贡献不尽相同，但总体煤炭产量有所上升。在一些地区，由于生产转向其他新能源，同时在许多场合（尤其是运输业）的应用被石油和天然气取代，煤炭产量实际上有所下降。例如，在英国，煤炭产量在第一次世界大战前达到顶峰。在德意志联邦共和国，随着向石油、天然气等其他能源的转移，煤炭产量开始下降。与此不同的是，中国的煤炭生产和消费很快出现增长。而美国的煤炭生产在整个20世纪早期都处于增长之中。在两次世界大战和大萧条时期虽出现过波动，但到20世纪下半叶，又开始大幅增长。

在20世纪的大部分时间里，石油产量和消费量的增长速度都要高于煤炭生产速度。在美国，对石油的需求促进了钻井和勘探的发展。在路易斯安那州和得克萨斯州等地，石油已成为主要的开采对象。第二次世界大战后，全球对石油的需求飞速增长，给主要产油国带来了巨大财富，尤其是沙特阿拉伯，其石油勘探曾在20世纪30年代取得重大发现。

工业革命、化石燃料开发规模的扩大以及建立在化石燃料基础上的工业化的推进，使大气中二氧化碳的含量显著增加。莫纳罗亚火山的测量工作始于战后的经济繁荣时期。初次测量得到的年平均浓度为 315.98ppm，与工业革命早期从冰芯检测中得到的数值 285ppm 相比，有了显著上升。

正如卡伦得在 20 世纪 30 年代末指出的那样，气温一直在上升，但随后在 20 世纪 40 年代至 70 年代趋于平稳。关于气候变暖中断的原因，有许多不同的解释，如较低的太阳辐射输出、火山爆发以及与轨道变化相关的全球变冷等。当科学家们为这一气温平稳时期的成因争论不休时，南半球的测量结果显示，这一现象可能只存在于北半球，而并非全球现象。一些科学家由此提出，由于大部分工业活动集中在北半球，工厂排放的微粒有效地阻挡了阳光，从而出现了气温平稳时期。这一假设在后来的几十年里得到了支持，但到那个时候，大气中积累的二氧化碳已经超过了污染的降温效应。

·· 全球化 ··

20 世纪后期，随着全球工业化进程的推进，工业化程度和化石燃料的开采及使用出现了进一步的突破。这虽不是第一个全球化的时代，但却是工业在世界大部分地区生根的第一个全球化时期。20 世纪 70 年代，战后快速而强劲的增长时代结束，成熟的工业强国面临着新的经济挑战。然而，全球工业总产值在 20 世纪末至 21 世纪初时达到了新高度。工业全球化改变了世界各地的经济。东亚大部分地区经历了令人瞩目的工业化进程。日本是亚洲的第一个工业强国。从战后到 20 世纪 90 年代，日本一直处于一个经济持续高速增长的时期。丰田、索尼、本田等日本公司享誉全球。1990 年，日本是世界第三大出口国。日本强大的经济实力，引起一部分人的担忧。另一些人则将日本视为典范来吸取经验。1979 年出版的《日本第一：美国的榜样》一书，正是以日本为主题的。

东亚其他国家和地区如韩国、中国台湾等，依靠类似的出口拉动型增长路径，实现了惊人的经济扩张。1953 年朝鲜战争结束时，韩国还是一个十分贫穷的国家。在 21 世纪初，朝鲜是公民生活匮乏和营养不良的代名词，但在 20 世纪 50 年代，韩国的人均国内生产总值并不比朝鲜高。虽然难以想象，但事实的确如此。战后多年来，韩国的经济规模一直相对较小，但出口导向型增长使得韩国从 20 世纪 70 年代至 90 年代以及本世纪初的国内生产总值大幅增长。现代汽车等韩国制造企业成为全球主要出口企业。事实证明，这种经济模式吸引了其他许多地区的政治领导人和经济学家，他们同样怀有提振产出和经济增长的愿望。许多其他亚洲国家包括马来西亚、印度尼西亚以及近期的越南等，都开始寻求出口拉动型增长。

迄今为止，最令人震惊的出口拉动型增长案例发生在中国。毛泽东领导的共产党在中国大陆建立了中华人民共和国。在开始执政之后，中国共产党开始推行农业集体化，并试图通过集中规划来振兴重工业。20 世纪 50 年代末，毛泽东试图通过大跃进加快这一进程。当时，在中国处于主体地位的农业经济，在全球出口份额中，仅占一小部分，远远低于日本、西德及美国等。

在邓小平的领导下，中国经济和世界气候的未来发生了决定性的转折。邓小平是一名坚定的共产主义者，他参加过长征，当时共产党人在遭到国民党的攻击后逃过一劫。20 世纪 70 年代，邓小平完成了一次引人瞩目的政治回归。邓小平决心维护共产主义政权。不仅如此，他的目标中还包括重塑中国经济。为此，他寻求外国投资并建立了自由贸易区，由此带来了出口导向型经济长达几十年的强劲增长。中国在 2009 年成为全球最大出口国，继而在 2013 年成为全球最大贸易国。

在中国内部，经济转型带动了城市化的迅速发展和新的消费模式的形成。尽管大量中国人仍然生活在内地的农村地区，但城市人口开始急剧增长。中国城镇人口比例从 1950

年的 13% 上升到 2016 年的 57%。除了北京、上海等世界知名城市以外，中国公民还涌向了其他众多不为外界所熟知的城市：长沙、合肥、泉州、厦门、杭州、沈阳、郑州、苏州、西安、重庆等。

高速城市化在 20 世纪末和 21 世纪初时成为常态。印度是一个复杂的例子。一方面，它从未像日本、中国等东亚国家，享受过高速的出口拉动型经济速度。另一方面，印度虽然仍保有大量的农村人口，但确实也出现城市人口的增长。21 世纪初印度人均国内生产总值急剧上升，反过来，城市化又促进了消费者的品味、偏好以及大众消费观念的转变。

截至 2011 年，全球逾 10 亿人日均生活标准仍低于 1.25 美元，但这不影响工业和大众消费的扩张成为一种全球趋势。近几十年来，亚洲在这方面的发展尤其引人注目。此外，拉丁美洲和非洲的城市人口也开始迅速增长，中东和北非也不例外。

与 20 世纪初形成鲜明对比。由于标准不同，很难对城市人口进行准确的比较，但总体趋势是清楚的。1900 年，伦敦是世界上最大的城市，那时十个城市的人口总数不低于 141.8 万，这个数字相当于 1999 年世界第十大城市费城的人口数量。21 世纪初，人口超过 140 万的城市有 200 多个，比伦敦在 1900 年时的人口数还多的城市，接近 30 个。

工业化和全球化创造了一个又一个"伦敦"。衡量城市的标准不一定非得是文化影响力或经济实力，同样可以是人口数量。伦敦较高的平均生活水平意味着那里的普通人拥有更高的能源足迹，其他西方城市也是一样，而世界其他地区的城市，则打算迎头赶上。

原则上，在工业化社会中，城市生活可以通过更多地利用公共交通工具和缩小人均居住面积来减少人均碳足迹。然而，从农村向城市的转移引发了更大的电力消耗。那些具有相应购买力的城市新居民，开始追求与西方城市居民相同类型的电器。1985 年，在中国投入使用的冰箱仅有 400 万台。但到 20 世纪末，拥有冰箱已迅速成为中国城市家庭的常态。电视机、洗衣机等其他家电的情况也大致如此。印度的冰箱拥有率也开始迅速上升，尽管仍远低于中国。

在炎热的气候条件下，工业化社会中的城市居民也经常购买空调设备。在印度，空调销售量以每年 20% 的速度增长。在印度城区，窗式空调连接成片。从 1995 年到 2004 年，中国城市家庭安装空调的比例从 8% 上升到 70%。在可预见的未来，空调拥有量和使用量的爆炸性增长似乎还将继续。空调也促进了新郊区的发展。在上海或广州等城市的郊区，新建的住宅区和开发项目提供了富裕生活方式所必备的一切条件。居民们可以驾驶汽车，拥有全部必需的家用电器。空调使城市和郊区居民保持凉爽，而随着人工制冷的增多，处于高速现代化进程中的国家，走上了美国城市曾走过的道路。试想，如果没有空调，休斯顿或亚特兰大都会区能有多少人口？

空调的发展不仅增加了能源消耗，而且还有可能向大气中排放一系列强效温室气体。氯氟烃（俗称氟利昂）的生产始于 20 世纪 30 年代，主要作为冰箱、空调的制冷剂以及气溶胶罐的推进剂。氯氟烃吸收热量的效率是二氧化碳的好几倍，它们对环境的影响主要在于大气上层，在那里氯氟烃与起保护作用的臭氧层发生反应。1989 年国际协定《蒙特利尔议定书》生效，主张逐步停止使用对臭氧层有消耗作用的氟利昂制冷剂。氯氟烃被氢氯氟碳化合物和氢氟碳化合物取代，有助于对臭氧层的保护，但这两种物质仍然有造成全球变暖的可能性。尽管目前它们的含量还很低，在人类活动造成全球变暖中起到的作用还不及 1%，但据估计，如果持续使用，到 21 世纪中叶，它们会带来近 10% 或更多的人为全球变暖。

在中国以及其他工业化和城市化世界的大部分地区，城市和工业的电力供应主要依赖煤炭。例如，中国的城市闻名于世，除了充满活力的经济增长这个原因之外，还因为其异常严重的空气污染。2000 年北京奥运会期间，为了提高空气质量，政府暂时关闭了附近区域的工厂。美国驻北京大使馆区域的空气质量测量结果一贯非常糟糕，空气质量指数甚至超过了 500。一直以来,500 都是空气质量指数的最大值。
然而,2013 年 1 月,大使馆公布的读数为 755。2013 年 10 月,
中国东北城市哈尔滨不得不暂时关闭许多学校,封闭部分道
路。当时,雾霾十分严重,空气中的颗粒物水平达到了世界
卫生组织认定的安全水平的 40 倍。中国的这些数据已经引
起了人们充分的注意,但实际上印度城市的空气质量比中国
更糟。2014 年 1 月,印度城市空气质量指数的平均峰值超
过 400,最高峰值超过 500。

在全球工业扩张和城市化的进程中,对化石燃料的严
重依赖和其使用量的不断增加,导致二氧化碳排放量急剧上
升。1958 年初次进行测量时,大气中二氧化碳浓度已经超
过了先前从冰芯记录中检测到的 315ppm。2016 年,全球
二氧化碳浓度已超过 400ppm。

·· 打破限制 ··

工业化、都市化及经济发展,依赖化石燃料提供动力,
一方面,受人类与气候关系的限制,另一方面也重塑了两者
间的这种关系。现代早期及其后的复杂社会,在面对气候变
化时已经发展出了更强的适应能力。得益于农业的发展、行
政管理能力的提高以及交通运输条件的改善,包括英格兰、

清朝在内的许多社会和国家在其鼎盛时期战胜了严重的生存危机。

随着全球工业化新时代的到来，这些趋势开始走向极端。人口中心进一步远离那些气候适宜、提供充足食物的地区。在工业化之前，像伦敦这样的城市，人口增长主要依赖于城市自身的供给能力。人们赶着动物，穿过街道，将它们送入屠宰场。事实上，这种做法一直存在，直到工业时代的到来。许多动物被带到该市的史密斯菲尔德市场。查尔斯·狄更斯在他的小说《雾都孤儿》中对这个市场的规模进行了大致的描述："在大区域中心的所有栅栏中以及所有空地中搭建的临时栅栏中，都塞满了羊；沟边的柱子上拴着几排牛和其他一些牲口，有三四排之多。乡下人、屠夫、牲畜贩子、小贩、男孩、小偷、游手好闲的人以及各种各样的流浪汉混在一起；到处都是牲畜贩子的口哨声、狗的狂吠、牛的咆哮和猛扑、羊的咩咩声、猪的咕噜吱吱声。"

尽管动物可以走到伦敦，但在20世纪和21世纪，大量的人口中心越来越多地出现在远离适宜种植农作物或牧草的地区。这个过程在美国开始得相对较早。19世纪，随着农业中心向西部转移，大西洋沿岸不断发展的城市开始依赖庞大的食品配送网络。东部城市附近仍可以种植农作物，但成本不如中西部新农业区低。20世纪，在气候完全不适合养活大量人口的地区出现了城市和郊区的聚合体。在西部和西南部兴起的阳光带城市就是如此。

拉斯维加斯的例子告诉我们人类社会的发展是如何摆脱气候条件限制的。拉斯维加斯的年平均降雨量只比 100 毫米多一点，甚至远低于沙漠的水平。在城市建立之初，这里的人口极少：1900 年仅有 25 人。到 1960 年，拉斯维加斯的人口增加到超过 6.4 万人，到 2010 年这一数字已超过 58.4 万。这座城市的大部分供水来自米德湖——1936 年建成的胡佛水坝后方的一个巨大人工湖。

拉斯维加斯并不是特例。今天，世界上有许多人口中心，人类社区与水源的关系得到了延伸。中国有许多沙漠城市，并计划建设更多：2012 年，一家开发公司宣布，计划将夷平山脉，在中国西北部的兰州外围建设一座新的大都市。中国西部干旱地区的新疆，也经历了人口的快速增长。

矿物燃料的密集开采和使用大大加重了许多地区的承载能力，远远高于工业化前的水平。工业革命促进了人口的大量增长。1801 年英国人口普查的数据显示，英格兰和威尔士的人口为 890 万，苏格兰的人口超过 160 万。到 1901 年，英格兰和威尔士的人口已经增长到 3200 万，而苏格兰为 447 万。实际上，在此时，以欧洲血统为主的人口数量占世界人口的比例达到顶峰。

进入 20 世纪，世界人口总数从 1900 年的 16 亿增加到 1950 年的 25.5 亿。在 2000 年时，这一数字达到了 60 多亿，由此可见，在 20 世纪下半叶，人口膨胀的速度实际上有所增加。人口之所以会出现增长，主要是因为农业生产率的提高和作物产量的激增，即所谓的"绿色革命"。化石燃料得到更加密集的应用。绿色革命带来了新品种、杀虫剂、化肥和机器的分配和使用。起到关键作用的肥料将天然气中的氮和氢结合起来，而灌溉的改善则常常需要化石燃料来为水泵提供动力。肥料的使用导致强大的温室气体一氧化二氮的排放。绿色革命向大气中释放了更多的温室气体，对农业的能源投入增加了 50 ~ 100 倍。

化石燃料的大量使用也支撑了服务业经济。服务业通常是成熟经济体中规模最大的经济产业。如今，无论是在英格兰、美国、德国，还是任何早期的工业强国，在服务领域、办公室、医院或学校工作的人要远远多于在工厂或矿山工作的人。但这些服务业的雇员仍在很大程度上依赖化石燃料产生的电力。办公人员的交通出行几乎完全依赖化石燃料，办公楼里的供热和照明系统也是如此，尽管这种情况目前正在发生变化，如德国等国就在安装太阳能方面走在了前列。随着世界各地服务经济的发展，空调的数量也随之增加。以新加坡为例，2011 年，服务业对 GDP 的贡献约为 73%。空调的普及帮助新加坡成为一个重要的服务业中心。当被问及20 世纪最重要的发明是什么时，新加坡首任总理李光耀的回答是："空调。"

·· 走向依赖 ··

以矿物燃料为基础的工业革命和全球经济发展改变了人类社会，在沙漠中建造大城市已成为可能；空调办公室里的工作人员数以千万计，配备了化肥、杀虫剂、水泵和拖拉机的农场工人种植出的粮食足够养活数十亿人。然而，这也使几个世纪以来更大程度上独立于气候的历史趋势发生了逆转。几千年来，全新世相对稳定的气候条件，使人类社会获益良多。但是，在碳排放几十年不间断地增加之后，气候变得越来越不稳定，人类社会面临着日益增长的挑战。

碳排放水平大幅上升。英国是世界上第一个工业化国家，1850 年，其碳排放量以 123 吨居世界首位。1900 年，美国已经是世界上最大的二氧化碳排放国，当时英国的二氧化碳排放量为 420 吨，而美国则达到了 663 吨。战后福特主义时代，美国的碳排放量大幅增长，一路飙升至 2858 吨，而其他工业大国，如西德的碳排放量也高达 814 吨。

与此同时，东方国家越来越关注重工业的发展。1960 年，苏联的碳排放量为 891 吨。1980 年，出口导向型经济增长将日本的碳排放量提高到 914 吨。随着全球工业化时代的到来，碳排放量进一步提高。2011 年，中国成为全球最大的二氧化碳排放国，当年的碳排放量达到 9511 吨。印度在世界制造业中的角色尽管没有那么重要，但其碳排放量已经达到 1800 吨，正逐步成为主要排放国之一。

工业化、全球化及人口增长，这些浪潮所累计产生的碳排放使人类社会越来越容易受到气候冲击的影响。在全新世气候相对稳定的数千年里，人类社会逐渐成功地摆脱了气候冲击对社会繁荣的制约。然而，工业化的发展，加强了气候的不稳定性，带来了更加极端的气候。但气候的这种影响往往因地而异，一些社会可能更容易受到冲击。这一内容将在下一章中具体论述。

❼

未来已来

· 北极：苔原和北方森林

· 山区

· 温带生物群落

· 热带地区

· 海平面和海岸线上升

· 海洋

· 适应

· 气候冲突

· 富人和穷人

复杂气候模型显示，目前气候变化速度很快，在可预见的未来，变化仍将显著加快。全球表面平均温度表明印证了这一趋势。自1985年2月至2017年，没有哪个月的全球平均地表温度，低于20世纪的标准水平，也就是说，今天没有任何一个儿童、青少年或年轻人经历过这样的月份。然而，即使在现在这个迅速变暖的世界，个别地区也可能经历寒冷，有时甚至还会刷新最低气温的纪录，但最高气温与最低气温的比例已迅速转向历史高点。

在2015年和2016年，受强劲的厄尔尼诺现象影响，全球平均地表温度连续多月屡创新高。在离今天最近的这场厄尔尼诺现象中，气温飙升的程度是之前的厄尔尼诺现象无法企及的。美国国家海洋和大气管理局（NOAA）称，截至 2016 年 8 月，全球平均气温连续 16 个月创下 137 年以来的新高；这种趋势一直持续到 2016 年 9 月，这是有史以来气温第二高的时期。

由人类活动引发的气候变化，显著地提高了全球平均气温，但这并不意味着全球变暖的速度在任何地方都是相同的，呈现出一种稳定的线性曲线。相反，整体变暖趋势在导致全球总体气温上升的同时，也使得特定地区的气温变化加快，特别是高纬度地区，正以极快的速度，迅速升温。

地球上的海洋正呈现出与陆地相同的升温趋势。自 20世纪 70 年代以来，海洋表面温度一直在稳步上升；自 80年代以来，升温趋势更为明显。水具有高吸热能力，全球海水体量巨大，吸收了大约 90% 全球变暖引起的增加热量。海洋中热量的积累又进一步引发了深远的影响，如海洋环流变化、海平面上升以及气候反馈等。

·· 北极：苔原和北方森林 ··

迄今为止，气候变化的影响在某些方面仍然十分细微，几乎难以察觉。但在有些地区，气候变化的影响已经十分剧烈，任何人都很难忽视它。在高纬度地区和北极地区，变暖趋势及其影响尤为明显。这些地区的居民受到的影响是显而易见的。例如，在阿拉斯加，海岸侵蚀将许多社区置于危险的境地。21世纪初，阿拉斯加的一些村庄开始试图提出搬迁计划。海冰的消退减少了应对海浪和风暴的保护。阿拉斯加的大部分地区面临着海平面上升，面对风暴缺乏保护的威胁。在那些冰川正在消融的地区，土地正缓缓上升。重量的减少导致地壳均衡反弹，陆地在冰的重量完全减少或消失后开始上升。居住在阿拉斯加朱诺附近的一位业主，在新抬升起来的陆地上修建了一座高尔夫球场。在山区，融化的冰川也有可能会导致山体滑坡。一般来说，冰川融化导致的塌方都较为缓慢，但冰川湾国家公园地区曾经出现过突发的大规模山体滑坡事件。

在北极，气候变化正在改变这里的苔原带生物群落。苔原带气温极低，植被主要由草和灌木构成，生长期短。这里的温度极低，因而永久冻土分布广泛，然而，随着气温上升，大部分永久冻土开始融化。

目前，苔原带和其他寒冷气候地区的永久冻土中储存着大量的碳，几乎相当于当前大气中碳含量的两倍。永久冻土的融化为全球变暖的进一步加剧创造了条件：永久冻土的融化会释放出二氧化碳和甲烷。虽同为温室气体，但甲烷的效率是二氧化碳的25倍左右。在西伯利亚西北部的苔原带上，永久冻土的融化已经形成了一系列直径达1千米的神秘陨石坑。造成这些陨石坑的确切机制目前仍无定论。一种假设认

(a)

(b)

图7.1

(a) 冰川湾国家保护区中的缪尔冰川，1941年

(b) 冰川湾国家保护区中的缪尔冰川，2005年

为，气候变暖释放出甲烷，甲烷在压力下发生爆炸。另一种解释则将陨石坑的形成部分归因于冰的快速融化。在加拿大北部，永久冻土融化导致山体滑坡，泥土和淤泥进入水道。气候变化使得苔原带更加干燥。温度升高加速了蒸发，而降雪减少又降低了水的供应。阿拉斯加北部正变得越来越干燥。苔原上的许多湖泊正逐渐消失。

在苔原带以南广阔的北方森林地带，永久冻土的融化产生了一种被称为"醉林"或"醉树"的现象，树木倾斜或呈现出倾斜的形态。在阿拉斯加的德纳里国家公园以及加拿大和西伯利亚，这样的景观随处可见。永久冻土的融化还创造了新的湿地。而在另一些由永久冻土融化形成的池塘中，出现了一种被称为热喀斯特的景观。在人类居住区，塌陷的地面破坏了道路、电线和建筑物。下方永久冻土的融化导致房屋下沉或倾斜。

在苔原地带和北方森林中，气候变化增加了发生火灾的风险。在更加炎热和干燥的气候条件下，雷击更易点燃泥炭等有机物质。2007 年，雷击在阿拉斯加阿纳克图乌克河沿岸引发了一场大火，这是目前已知的发生在苔原带的最大的一场火灾。虽然部分植被已经恢复，但这一生物群落频发火灾，将释放出大量早先储存在土壤中的碳。在北方森林的南部，火灾造成的后果同样严重。气候变化增加了这一地区大规模火灾的概率，无论是闪电引起的，还是人为造成的火灾都是如此。2016年,加拿大阿尔伯塔省麦克默里堡突发大火,居民们不得不撤离这座城市。虽然阿尔伯塔的大火不能完全归因于气候变化,但随着全球变暖的持续,助长火势蔓延的炎热干燥的气候条件将会更加频繁地出现。

·· 山区 ··

与高纬度地区一样,迄今为止,高海拔地区对气候变化的影响也特别敏感。高海拔山脉中的生物群落,通常与附近低洼地区的不同。即便是海拔相对较低的山脉,常常是某些特定物种的栖息地,并对区域河流系统产生重大影响。

随着平均气温上升,山区的平均降雪越来越少,冰川逐渐缩小。温度和降水相互作用,影响着冰川消退或生长的速度。因此,原则上,只要降水量与过去的降雪量等同,冰川即便是在相对温暖的时期也可以继续扩张;相反,如果没有足够的降水,即便是在更加寒冷的时期,冰川可能也不会生长。近几十年来,气候变暖已经成为影响冰川的主要因素,全球大部分冰川都在消退。

冰川学家记录了世界上许多地区冰川消退的情况。气候变化带来的影响是多方面的,任何人都可以轻易地察觉到,这只是其中的一个方面。假设你曾在 20 世纪 70 年代、80

年代或 90 年代游览或见到过一座壮观的冰川，并在 20 年、30 年或 40 年后有机会回访，那么你会一次又一次地发现，冰川的收缩肉眼可见，正反映了当地景观的巨大变化。例如，返回蒙大拿冰川国家公园的游客可以亲眼目睹冰川的消退。同样的情况在阿尔卑斯山脉也很明显：冰川依然存在，但大多数都在迅速消退。

从新几内亚到东非，再到安第斯山脉，热带山区的冰川也在退缩。早在 20 世纪 80 年代后期，新几内亚的最高峰，海拔 4884 米的查亚峰拥有 5 个冰原。到 2009 年，其中的两个完全消失，剩下的 3 个也在急剧减少之中。在秘鲁安第斯山脉的魁尔克亚冰原上，历经 1600 多年才形成的冰，在短短的 25 年内就融化了。

在高海拔地区，冰和永久冻土的融化带来了多方面的影响。安第斯山脉中的冰川消退，在 20 世纪中叶引发了毁灭性的洪水。冰川不间断地融化，碎冰落入湖中，形成阻碍。湖水一旦冲破阻碍，玻利维亚等国的社区便会面临着洪水的危险。永久冻土的解冻也会带来危险。地表下的冻土就像一种黏合剂，把斜坡黏合在一起，这些斜坡的陡度以肉眼难以观察。永久冻土的解冻会导致土壤的突然崩塌，在山区则会增加滑坡的风险。2006 年，瑞士格林德瓦尔德镇附近著名的阿尔卑斯山艾格峰东侧的一段发生塌方。尽管高山岩崩并不是什么新鲜事，但多年冻土融化带来的风险越来越大，加大了登山者所面临的危险。有些攀登路线过于危险，不得不被放弃。

山体滑坡，坠入到高山湖泊和水库之中，这又带来了另外一个风险。它们造成的后果，可能相当于一场小型海啸，从而引发洪水，破坏水电设施，并威胁到狭窄山谷附近的房屋和社区。山体滑坡阻塞了公路和铁路，即使在岩石坠落时，公路或轨道上空无一车，这些碎石也会暂时切断运输。

融化的冰川和不断减少的积雪改变了山区的景观，使人们对印象中一些长久被冰雪覆盖的地区产生了疑问；然而，冰川消融和积雪减少的影响远远超出了高山的范围，威胁到了世界许多地区的水资源供应。例如，在热带安第斯山脉地区，供水和水利发电都有赖于冰川，而冰川面积正在迅速缩小。一位为生计发愁的秘鲁农民提到了这个问题："雪越来越少，雪线在上升，一点一点地上升。当雪消失的时候，水也将枯竭。"供水不会完全消失，但会下降。供水可能会突然发生转变。冰川融化会先导致下游冰川融水的增加，然后才会出现突然减少。

在喜马拉雅山脉，大量的水储存在冰川和积雪中。该地区有时被称为地球的"第三极"，但事实上其冰川的冰量无法与阿拉斯加和加拿大相比，但这个概念突出了喜马拉雅山脉作为南亚、东南亚和东亚大部分地区的水源地的重要性。这是一个人口极其稠密的地区，汇集了印度、巴基斯坦、中国和东南亚等各国的人民；因此，可以说从兴都库什山脉延伸到喀喇昆仑山脉再到喜马拉雅山脉的冰川是地球上很大一部分人口的重要水源之一。在由喜马拉雅山冰雪供给的河流环绕的区域，大约总共生活着多达 13 亿人口。

在喜马拉雅山脉的许多地区，冰川已经出现了萎缩和变薄。查谟和克什米尔，是流入印度河的河流的源头，然而这里的冰川正在消融，恒河和雅鲁藏布江的源头也出现了同样的趋势。从短期来看，冰川融化可以暂时增加水的供应，增加洪水发生的可能性。从长期来看，冰川的减少会威胁到水力发电、人类用水以及动植物用水。

积雪的减少已经对世界主要农业区的农业生产产生了影响。在美国，加利福尼亚州（以下简称加州）生产的食品占全美食品供应的很大比例，同时美国农产品的出口也主要倚仗该州。加州在农业总产量上领跑美国各州，而且还是一系列农作物的主要产地，如杏仁、鳄梨、西蓝花、葡萄、柠檬、生菜、桃子、李子、草莓、西红柿、开心果等。在乳制品生产方面，同样也一马当先。值得注意的是，加州大部分地区的降雨并不丰沛。位于加州中部的中央谷地，其北部的降雨量为每年 8 毫米左右，而南部降雨量却和沙漠地带的水平差不多。加州的农业生产严重依赖东部塞拉山脉的积雪融水。在 2013—2014 年以及 2014—2015 年的两个冬季，塞拉山脉的积雪量都远低于此前的正常水平。2015 年春季的测量结果表明，那时积雪的水量只有平均水量的5%，从树木年轮记录来看，这可能是500年来的最低水平。在2016—2017年的冬季，加州北部再次出现大雪。即便如此，近期的水资源短缺可能预示着，持续的气候变暖将使塞拉山脉失去大部分积雪。

·· 温带生物群落 ··

世界上大部分人口生活在温带或温带附近的生物群落中。从湿润地区到干旱地区，这些生物群落的降水水平差异很大。温带地区一般更加繁荣，在很多方面可以免受气候变化的影响，但在全球范围内，人类活动带来的气候变化加强了极端气候的模式。气候变化使极端降水事件频发，无论哪个季节，更加温暖的大气和海水为风暴输送了更多的能量。

极端天气事件向温带地区的居民发送了气候变化的信号。不能简单地将单一的恶劣天气事件与气候变化画等号，但随着气候科学的发展，科学家们在计算气候变化引发恶劣天气的概率方面取得了快速的进步。即使在分析中尚不能将热量增加与气候变化联系起来，但可以确定，气候变暖的总体趋势加剧了温暖天气的影响，推动了高温的形成，加快了蒸发速度。

近几十年来，百年一遇的极端天气事件出现的频率急剧上升。从统计数据上看，这些事件平均每 100 年发生一次，或者说，在一年中发生的概率只有 1%。华盛顿州的居民在几年内就经历了好几次这种百年一遇的洪水。其他地方发生洪水的频率也比预计的要高。2007 年夏天，英国降雨量比 1879 年以来任何一年的降水量都要高 20% 左右。2013—2014 年冬天，英国再次经历了严重的洪涝灾害，牛津地区的降雨量创下近 250 年以来的新高。在这种情况下，气候变化似乎只是导致强降水的次要原因。尽管单凭一场洪水无法证明全球变暖的趋势，但气候极端事件发生频率的不断上升，带来了更大的风险。2007 年纽约发生暴雨。这种暴雨平均每 25 年发生一次，然而，2007 年的这场暴雨与 2012 年破坏力极强的飓风桑迪只隔了 5 年的时间。2012 年，纽约州州长安德鲁·库默曾打趣道："我们现在每两年就会遭遇一场百年一遇的洪水。"

尽管整体气候处于变暖的趋势之中，但大雪的频率也在增加。这乍一看似乎违反直觉，但实际上气温越高，蒸发越多，空气中的水分也就越多。当冬季气温下降时，就会产生大量降雪。马萨诸塞州波士顿降雪记录前 10 名中，有 5 个都发生在 1997 年以来，而 5 个连续 7 天降雪最高的纪录都发生在 1996 年以来，这一个时间跨度纪录可追溯到 1891

年。尽管持续变暖最终会降低降雪的可能性，但只要气温足够低，气候变暖仍可能导致更多的极端降雪。

气候变化增加了极端降水和干旱的可能性：因此，在本就容易发生干旱的地区，发生长期严重干旱的概率上升。就像极端降水的情况一样，不能简单地把炎热干燥的天气简单地归因于气候变化。这在某种程度上是正确的，然而事实已经证明，一些极端事件确实是由气候变化引起的。许多研究都已经证明澳大利亚 2013 年的异常高温与人为造成的气候变化有关。对 2010 年俄罗斯大规模干旱的初步分析，虽然并没有发现热浪和全球变暖之间的联系，但有研究表明，如果没有出现全球变暖的趋势，这一事件发生的可能性很低。此外，即使无法证明气候变暖趋势导致了某个干旱事件，但气候变暖会加速蒸发，从而加剧了干旱的程度。例如，2014、2015 年，高温对发生在加利福尼亚州的干旱起到了推波助澜的作用。降水不足使当地变得干燥，而持续的高温则加剧了干旱。

气温升高同样给美国西部的大部分森林带来了影响。大多数公众对气候变暖的讨论都集中在高温上，但气候变暖的趋势同样也导致了每日低温的升高。每日的低温会影响较大动物以及昆虫和扁虱的存活率。例如，在北美西部，随着气温的升高，树皮甲虫的数量增加。目前，甲虫啃噬树木的时间比过去长得多，且在高海拔地区的树木以及树龄较短和较长的树木上均有发现。在过去，虫害规模扩大主要是由于树木年龄和人们为阻止森林火灾所采取的措施导致的，但现在却是因为甲虫数量的增多。在阿拉斯加、不列颠哥伦比亚、科罗拉多和蒙大拿等地，甲虫已经造成了大量树木死亡。炎热和干旱似乎也在影响科罗拉多州的白杨树，导致它们突然死亡。再往南，墨西哥的大量树木因虫害而死亡。精确地确定甲虫、气候和森林砍伐之间的关系是一个复杂的科学问题，但最好的情形是，持续的干旱使西方国家的森林承受越来越大的压力，而有利于甲虫生长的条件则进一步提高。

干旱对世界多个地区的人类社会构成重大挑战。2013年，巴西东北部遭遇大规模干旱。这场干旱一直持续到2015年，但并没有引发饥荒：在这一方面，巴西证明了自己的复原力。然而，该地区的农民失去了庄稼和牲畜。有些人不得不将仙人掌磨碎用来喂牛。巴西东南部的干旱也在不断扩大，水力发电量的下降威胁到主要城市的供水。阿拉比卡咖啡豆产量的下降，在全球范围内引发价格上涨。水资源的短缺部分源于供水系统的泄漏以及盗窃行为，但温度升高和降雨下降却加剧了这场危机。无奈之下，圣保罗州政府开始引水工程。2015年秋天，水库水位出现下降。在2015年年末至2016年出现的厄尔尼诺现象的影响下，水量得到了补充，但长期的挑战依然存在。

在温带生物群落中，极端气候对本就干旱的地区产生了特别显著的影响。例如，中国西部地区遭受了大面积干旱。生活在中国以及邻近的中亚国家的牧民们，一直在努力为他们的牲畜寻找足够的水和食物。干旱还破坏了该地区的农业。中国政府甚至把一些人定义为"生态移民"，进行重新安置。包括北京在内的中国主要城市出现了严重的沙尘暴天气。

·· 热带地区 ··

虽然气候变化对热带生物群落的影响尚不确定，但最近极端降水对其影响的证据确有找到的可能。例如，2013 年初，玻利维亚北部地区遭遇了 20 年来最严重的洪水，2014 年 2 月又遭遇了 60 年来最严重的洪水。一位土著领袖说："有人说这是世界末日，洪水深达 1 米半，我们淹没其中，以前从未发生过这样的情景。洪水杀死了我们种植的香蕉、木薯、菠萝、鳄梨以及其他所有的农作物，还有我们饲养的猪、鸭和鸡。"2015 年 1 月，非洲南部的马拉维遭遇严重洪灾，导致 176 人死亡，受伤的人数则更多。洪水毁坏庄稼，杀死动物，破坏人们的家园，致使 25 万人流离失所。不仅如此，洪水还引发了人们对水源污染和流行病传播的担忧。和其他热带地区一样，这里对森林的过度砍伐和高人口密度加剧了暴雨造成的损害。

热带地区同样经历了严重干旱。2005 年、2007 年和 2010 年，巴西亚马逊河流域野火蔓延，当地干旱的气候助长火势。在 2013 年、2014 年又有多起野火发生。人们的个人行为可以引发某场火灾，但在热带雨林中，气候条件使得下层植被更容易起火。美国国家航空航天局对卫星数据进行的分析显示，夜间低湿度更有可能引发这类火灾。2015 —2016 年，厄尔尼诺现象引发干旱。在此期间，印尼热带雨林的大部分地区都被烧毁，如苏门答腊和加里曼丹（印尼部分）等地，涉及到许多濒危动物（如猩猩）的栖息地。如其他许多地方一样，当地土地的使用模式加剧了火灾。为了清除土地来种植油棕树以生产更多的棕榈油，当地的森林遭到大量砍伐。在火灾期间，印尼成为世界上最大的碳排放国之一。

·· 海平面和海岸线上升 ··

从热带到温带，再到北极，气候变化引起海平面上升。自 1880 年以来，海平面上升了 200 多毫米。近几十年来，海平面上升的速度一直在加快。20 世纪时，平均每年上升 1.7 毫米，然而至 1993 年以来，这一速度增加到每年 3.2

毫米，接近原先的两倍。全球海平面上升的主要原因有两个：一是冰盖和冰川的融化，目前约占观测到的增长量的三分之二；二是温度升高带来的水膨胀（即热膨胀）。由于地面沉降或反弹以及重力的作用，海平面上升的速度在不同的区域会有所不同。例如，在墨西哥湾沿岸，由于陆地下沉，海平面上升的速度比全球平均水平要快。相比之下，尽管形成于 6000 年前冰川时代的冰盖融化，但阿拉斯加部分地区的海平面仍在下降，这主要是因为陆地表面仍处于持续反弹之中。

当前冰川融化，使区域海平面的上升变得更加复杂。在大冰原覆盖的地区，如格陵兰岛、南极洲等，冰原产生的引力会将海水拉向自身，导致局部海平面的上升。冰融化成水，汇入海洋，带来全球海平面的上升；然而，局部质量的损失将降低冰原引力，局部海平面也将相应地下降。因此，冰原附近的海平面上升的幅度很小，甚至不升反降，而在更远的区域，海平面上升的幅度会更大。格陵兰岛或是南极洲，哪个大型冰盖失去的质量最大，将在很大程度上决定着哪些地区受地球质量变化的影响最大。除了引力的转移外，与质量损失相关的地壳反弹也将起到推波助澜的作用。

迄今为止，海平面上升对低洼地区的影响最为显著。在印度洋和太平洋，一些岛国的未来面临着严重威胁，基里巴斯就是其中之一。基里巴斯位于夏威夷以南约 609 千米，由太平洋上的几个环礁和暗礁组成。总人口约 10.2 万人，主要居住在吉尔伯特群岛，其中塔拉瓦岛的人口最多。整个地区的海拔几乎都不高于 5 米，一些礁石和环礁几乎没入海面。在如此低洼的地区，不断上升的海平面已经破坏了原先的水供给。基里巴斯政府在斐济购买了土地，以便在海平面上升时，为失去家园的居民提供最后的避难所。

太平洋上的国家图瓦卢也面临着类似的威胁。图瓦卢位于澳大利亚和夏威夷之间，由一系列礁石和环礁组成。高涨的潮汐把海水带入岛屿深处。2014 年，图瓦卢总理埃内莱·索波阿加描述了这个国家的困境："我们被困在了中间，毫无疑问，图瓦卢人民非常非常担心，我们已经深受其害。"他又补充说："（海平面上升）就像是一个大规模杀伤性武器，所有的迹象都摆在那里。"

印度洋上也有一些地势较低的岛国，如马尔代夫等。马尔代夫由众多岛屿组成，总人口大约 40 万。这些岛屿中，海拔最高的不超过 2.4 米。海水的侵蚀和供水的紧张只是马尔代夫面临的部分问题而已。伊斯兰极端分子在这里赢得了一批追随者。马尔代夫前总统曾因警告气候变化的威胁而在国际上赢得广泛赞誉，但他却于 2015 年被拘留并获刑。

这些岛国被统称为小岛屿发展中国家。在不远的将来，它们虽然不会被完全淹没，但是它们共同面临一个重大的挑战，正如他们的组织——小岛屿国家联盟曾经提到，"由于这些国家的人口、农业用地以及基础设施往往集中在沿海地区，海平面的上升将对其经济发展和生活条件产生重大深远的影响"。

这些岛屿以及其他低洼岛屿的人口只占世界人口的一小部分，因而，它们对地球总体碳排放量的增加和人类活动造成的气候变化的贡献甚微。这些小岛屿国家所面临的问题，远远超出了它们自身的范围。在创造条件改善未来方面，许多现在或未来受气候变化影响最大的人口几乎没有发挥任何作用。在这种情况下，小岛屿国家没有机会，仅凭自身的力量，做出必须的大规模减排，以遏制海平面上升带来的最坏结果。

海平面上升，不仅使得地势较低的岛国面临着严重威胁，世界其他地区的人口也受到了影响。事实上，海平面上升对人口产生的影响并不均衡。世界上很大一部分人口（约40%～44%）生活在沿海地区。无论是发达国家还是发展中国家，大量人口都集中在沿海地区。美国的大西洋沿岸和太平洋沿岸就汇集了许多大城市。截至2010年，大约一半的美国人口居住在距海岸约80千米以内的区域，近40%的人口沿海岸线分布。在中美洲、南美洲、非洲、亚洲和欧洲也能找到类似的居住模式。还有一些大型人口中心，虽然在沿海地区，但也处于潮汐河流域。伦敦就是这类城市的典型代表。

在许多地区，最直接的影响就是所谓的"恼人的洪水"，它们可能会导致道路暂时关闭，或迫使企业或居民购买水泵，从地下室中抽水。这个短语听上去无关痛痒，它准确地表达出了小洪水可能造成的麻烦，但并没能传递出一个现实的趋势——未来将会有越来越多的大洪水，它们将带来更大的损害和风险，而不是轻微的刺激和不便。在过去就容易在飓风的影响下发生洪水的地方，现在只要经历一次轻微的气候事件就可能造成类似的危害，而大飓风引发的洪水破坏力比过去更强。

弗吉尼亚州纽波特纽斯、诺福克和汉普顿锚地附近地区受海平面上升的影响十分显著。如今，当地的房主、企业和非营利组织必须定期应对洪水的侵袭。市政当局和房主已经开始抬升他们的房屋。一些负担得起的人开始出钱用千斤顶把房子支撑起来，以便重新浇筑更高的地基。洪水阻断道路，迫使当地居民改道而行。陆地下沉和海平面上升的双重因素也给美国军方带来了麻烦。美国军方在弗吉尼亚州的诺福克建立了全球最大的海军基地。现在，美国海军正忙着加高码头。国防承包商也不得不加高他们的电力设施，以避免与水接触。

"恼人的洪水"在切萨皮克湾北部越来越常见。在马里兰州的安纳波利斯，20世纪50年代每年会发生4次这样的洪水，但到2014年，已经增加到每年40次。在华盛顿特区，洪水袭击波托马克河沿岸的频率更高，一些附近的地区，如乔治城等也深受其害。切萨皮克岛上的一个沿海社区已经受到了海平面上升的巨大威胁。美国陆军工程兵团2015年的一份报告中提及，弗吉尼亚州切萨皮克湾丹吉尔岛的土地面积只有1850年的三分之一。

海平面上升影响大西洋以南的地区。墨西哥湾沿岸的社区受到的打击尤为严重，这里是美国海平面上升速度最快的地区。在路易斯安那州南部，当地海平面每年以9毫米的速度上升，洪水经常会切断查尔斯岛上的小社区。仅路易斯安那州一地就有100多万人生活在离潮汐线不到1.83米的地方。佛罗里达州大部分地区的海拔都非常低，譬如迈阿密市，海平面上升加剧了洪水泛滥。由于建在石灰岩之上的原因，迈阿密特别容易遭受侵害。水可以轻易地从街道和地基下渗出，特别是在涨潮时，水位升高，更容易被淹没。建在堰洲岛上的迈阿密海滩所面临的困境，尤为突出。

对于南亚的大量人口来说，海平面上升带来的影响，远远不是麻烦那么简单，而是严重的威胁。在孟加拉国，海平面上升对农村和城市人口都造成了损害。在位于恒河三角洲地带的那些地势低洼的村庄，不断上涨的水位破坏了当地的淡水供应，提高了土壤中的盐分。风暴造成的破坏更大，许多村民被迫搬迁。海水的侵入再加上经济刺激等其他因素，移民到孟加拉国首都达卡的人越来越多。据国际移民组织计算，大约 70% 的达卡移民在移居之前都曾经历过某种环境危机。长期以来，孟加拉国的农村居民通过城乡之间的季节性移民保证了收入和食物来源，但其中许多人不再返回他们以前的家园，成为"一次性移民"。然而，如果海平面继续上升，这种方式也将无法提供一个安全的长期避难所，因为达卡本身的海拔仅略高于 15.24 米，而这座大都市的部分地区，如挤满农村移民的贫民窟等，海拔甚至更低。达卡并不是唯一一座面临洪水威胁的城市。亚洲的许多主要城市都位于沿海地区，如孟买、胡志明市以及上海等。

非洲也有许多城市受到海平面上升的威胁。例如，西非塞内加尔的首都和最大城市达喀尔，近年来遭受了多次洪灾。海平面上升加剧了降雨引发的问题。其他沿海城镇的市长们也报告了多起持续不断的洪水灾情。尼日利亚最大的都市区拉各斯，同样位于海平面附近。城市的大部分地区海拔不足两米。东非沿海地区也面临类似的危险。肯尼亚的蒙巴萨曾是古代重要的港口，这座低洼的城市近年来也遭遇了严重的洪水。

· · **海洋** · ·

海平面上升是全球变暖引发海洋气候变化的一个指标。

大气升温的热量大部分都被海洋吸收，从而增加了全球的海洋温度和海洋热量。自 20 世纪 70 年代以来，地表水的温度上升了 0.5℃左右，平均每十年上升 0.11℃。如果换算为热量，大约相当于 100 太瓦（1 太瓦 $=10^{12}$ 瓦特），几乎是全球人类能源使用量的六倍。

海洋温度的升高不仅会导致海平面上升，还会对海洋生物产生影响。海洋变暖推动了鱼类的流动。2014 年，北美西海岸的垂钓者发现了通常只会出现在南方的鱼类。而随着阿拉斯加海岸附近的水域变暖，自 20 世纪 80 年代以来从未出现在这里的鲣鱼，显现了踪迹。

干旱与升温并存，给一些鱼类带来了威胁。在加利福尼亚，低降水位和高温共同威胁着奇努克鲑鱼的生存。持续的气候变暖可能会使鲑鱼生活范围的南端区域消失。

海洋变暖加剧了过度捕捞的危害，从而进一步危及那些对水温变化十分敏感，即将走向枯竭的鱼类种群。新英格兰附近的水域就是一个例子。多年来，渔民和联邦监管机构一直对缅因湾新英格兰海岸鳕鱼渔场的状况存在争议。鳕鱼这种曾经无处不在的物种，科德角（Cape Cod，cod 意为鳕鱼）名字的来源，现在却越来越罕见。为了恢复鳕鱼种群的数量，美国国家海洋和大气管理局对鳕鱼捕捞的限制越来越严格。这虽然解决了过度捕捞的危害，但水温升高可能会导致鳕鱼迁移。缅因湾变暖影响着海洋生物的生存。随着鳕鱼的出现，北方虾的数量急剧下降。2014—2015 年冬季，此时正是北方虾的捕捞季节，联邦监管机构下令禁止捕捞。随着墨西哥湾变暖，源于欧洲的入侵物种——青蟹的数量急剧增加，而这又减少了软壳蛤的数量。原先生活在南方海域的黑鲈鱼，也大量出现。一些渔民担心黑鲈会吃掉那些较小的龙虾，然而，缅因州的龙虾面临着另一个来自海洋变暖的威胁。在长岛湾，龙虾养殖业已经崩溃。这里是龙虾生活范围的最南端。虽然污染可能是龙虾从这些水域消失的原因之一，但龙虾更适合在较冷的水域中生存。如果缅因湾的海水继续变暖，龙虾可能会完全离开那里。尽管这肯定不是人类驱动的气候变化所带来的最严重后果，但它将对一个标志性的物种和行业造成打击。

全球变暖对珊瑚礁也构成了威胁，位于澳大利亚东海岸的大堡礁就是最显著的例子之一。变暖的海水、人类活动以及污染这些因素相互作用，对珊瑚礁本身以及许多依附于其上的生物造成了危害。气候变化极大地增加了海洋变暖的可能性，而海洋变暖则会导致漂白现象的发生。漂白现象是由于温度上升而将生活在珊瑚礁结构内的共生藻类驱逐出去而产生的。2016—2017 年冬，当时的南半球正处于夏季，大堡礁发生了一场严重的白化事件。虽然一些地区的珊瑚礁仍具有复原能力，但白化现象表明，气候变化已经对这些非凡的珊瑚礁构成了威胁。

气候变暖、与之相关的白化事件、污染，这些并不是珊瑚礁面临的所有威胁。二氧化碳浓度的上升导致海水正变得越来越酸。随着大气中二氧化碳含量的增加，溶解在表层海水中的二氧化碳也会有所增加，尽管随着海水持续变暖，这种溶解可能会有所减少。二氧化碳溶于水后，与水反应生成碳酸(H_2CO_3)，再分解成离子。最终的结果是海水酸度的增加，这一点从海水 pH 值中反映了出来。据估计，化石燃料燃烧所释放出的二氧化碳，其中30% 至 50% 被海洋吸收。自工业革命以来，海洋酸度增加了 30% 左右。

酸化对任何拥有碳酸钙外壳的生物来说，都是一种威胁。酸性的升高会抑制碳酸钙外壳的形成。这种影响在普吉特湾等地区已经非常明显。由于富含二氧化碳的海水上涌，普吉特湾海水的腐蚀性更强。在太平洋西北部，酸性海水已经开始溶解贝类。早在 2005 年，牡蛎幼体就开始大量死亡。当地贝类养殖者采取的措施是调整牡蛎养殖水域的酸度。

·· 适应 ··

在 20 世纪末期至 21 世纪初，人为全球变暖的出现扭转了另外一种趋势，即人类社会复杂程度越高，他们拥有的承受全新世气候波动的能力也越大。几个世纪以来，技术的进步、科学的发展、交通的改善以及管理的提高降低了干旱的破坏，并赋予了人类更大的能力，使他们能够以最小的代价抵御其他气候波动。然而，极端气候事件愈演愈烈，"适应"这一概念又重新回到人们的视野之中。

干旱促使，或更确切地说，迫使世界各地的人类社区采取不同的节水措施，收效也不尽相同。在加利福尼亚州，2011年开始的干旱异常严重，一些加州人在看到雨滴时不禁欢呼雀跃起来。2014年夏天，该州出台了严格的节水措施，但几个月过去，仍难以实现节水目标。在巴西，为包括圣保罗在内的大量城市供水提供保障的水库枯竭，政府对此却反应迟钝，但最终还是采取措施，如降低水压以减少流量以及给减少用水的人提供折扣等。在澳大利亚，为了抑制近期干旱期间城市水资源的消耗，政府也制定了相应的限水措施。

尽管许多干旱严重的地区实行了一系列限水措施，但更多受灾地区的主要反应还是希望降雨能恢复到充足的水平。从加利福尼亚到美国西南部，从巴西到澳大利亚，在这些干旱地带，整体干旱和长期缺水已经成为一种新常态。长期的适应措施包括：通过一系列系统的措施来鼓励人们使用可再利用的废水，或将用于淋浴、沐浴或洗衣服的水再进行二次利用，如浇灌植物等。干旱地区的城市也开始采取一些措施来鼓励移除草坪，用沙漠景观来取代非原生草地。

为了适应海平面的上升，人们可以采取的措施多种多样，从修复湿地到抬高建筑，甚至是建造巨大的风暴屏障等。对于生活在海平面或海平面以下，拥有丰富经验的荷兰提供了大量的信息和数据；然而，风暴潮屏障耗资巨大，并非所有沿海地区都可以采用，甚至许多富裕社会也难以承受。而抬升建筑的计划也必须要回答一个问题：由于海平面仍在持续上升之中，未来该怎么办？许多地区的公众都表现得不愿意面对海平面上升所带来的挑战。

在美国，有关修改联邦洪水保险地图的争议凸显了一些适应措施的潜在挑战。2012 年，由于美国国家洪水保险计划已经负债累累，国会授权联邦紧急事务管理局重新绘制一份洪水地图。联邦应急管理局随后发布了修订后的地图，洪水易发区域比原先更大。结果，许多地区的房主发现他们的保险账单上涨了数千美元。选民们联系了他们选出的代表。最终在 2014 年，国会撤销了大部分对洪水保险计划的改动。新的洪水风险地图对房屋所有者的金融冲击是巨大的，但这份地图实际上还并没有考虑到海平面上升的影响。整个事件表明，公众还没有准备好接受适应气候变化的实际成本。

在地方一级，许多社区已开始设法适应海平面上升所带来的结果。迈阿密海滩市建造了新的水泵和下水道，但他们没有为适应所带来的变化设定一个终点。尽管如此，迈阿密海滩市的市长表示希望为这座城市赢得 50 年的时间。

成本是实施适应措施的一个明显障碍。例如，切萨皮克湾丹吉尔岛修建海塘和防波堤的项目耗资数百万美元，另外一些更大的项目，动辄就耗资数千万美元。当然，没有一个项目能真正遏制海平面上升。适应工程需要对未来海平面上升的高度进行预测，但随着目前碳排放的不断增加，不可能为海平面上升找到一个合理的终点。因而，那些可能对海平面上升约 30.5 厘米起到防护作用的昂贵项目，很可能会被后续更进一步的项目所取代。

为了帮助社区增强抵御气候变化的影响，当地领导人和活动家发起了一场广泛的运动。由于国际社会遏制全球变暖的努力严重滞后，世界各地的许多社区开始自发探索应对和适应气候快速变化的措施。2011 年，来自世界各地的地方政府代表汇聚南非德班举行会议并通过了大会宪章，呼吁"将适应气候变暖纳入所有地方政府发展规划的主要考虑目标"，以及世界各地的公民领袖定期举行国际级别的大会。2013 年，美国地方民选官员创建了"弹性社区"。现在许多城镇都将应对气候变化纳入规划之中。但无论策划者多么精心，他们都面临着一个共同的问题：如何计算变化的终点？在某一特定时期，社区如何适应超出预期的极端情况？地方和各州的政治势力也对这一努力提出了质疑。例如，2012 年，北卡罗来纳州通过的一项法律，禁止该州在进行海岸规划时将对科学上海平面上升的预测纳入考虑范围。

对气候变暖的适应也以开发新机会的形式出现。总的来说，加速的气候变化将严重破坏人类社会，但在许多城市面临海平面上升，重要农业地带遭受极端干旱和洪水的同时，一些地区可能反而变得更适合种植农作物。的确，在有关政策回应的公开讨论中，一些反对气候变化进行干预的声音，大肆宣扬他们的观点——全球变暖将给世界带来的奇迹。从小范围来看，格陵兰岛的农业收益增加，那里土豆和蔬菜的产量都有所增长。英国的葡萄酒种植者也正在探索未来扩大生产的可能性。从更大的范围来看，加拿大等国的农民把粮食种植推广到北方，玉米种植出现增产。

气候变暖正促使人们努力从航运更加便捷、煤炭或其他资源开发更加容易的地区进行开采。在遥远的北方海域寻找贸易路线的做法由来已久。在欧洲人还没有完全确定北美北部的地理状况之前，他们试图开发一条艰险难测的西北航道，这条路线将带领他们，绕过北美北部，到达亚洲。16世纪70年代，英国探险家马丁·弗罗比舍带领探险队寻找这条航道。其他探险家也紧随其后。亨利·哈德逊驶进哈德逊湾，然而他的船员发动叛变，将他和他的儿子以及其他几名船员安置在一艘小船上，在那之后再也没有人见过他。其他许多探险家也都进行过尝试，但直到1906年，挪威探险家罗阿尔德·阿蒙森才第一次成功地通过了西北航道，结束了为期3年的探险。

北极的融化，又重新引起了人们对未来可以利用西北航道进行通航的兴趣。同时，对欧亚大陆以北，俄罗斯北海航线的兴趣也在增加。俄罗斯在该地区进行了海军演习，一艘集装箱船驶上了这条航道。

能源和矿业公司也在北极勘探石油、天然气和矿藏。这里的条件依然十分严峻，给勘探带来了阻碍：2012 年 12 月 31 日，荷兰皇家壳牌公司巨大的"库鲁克号"石油钻机在阿拉斯加搁浅。2015 年夏天，壳牌公司再次开始钻探，但高昂的成本和令人失望的结果促使该公司停止了勘探。2014 年，挪威开放了南巴伦支海进行勘探。作为石油和天然气生产国，挪威的未来取决于更多的发现。"对于挪威来说，继续成为一个长期可靠的石油和天然气供应国，重要的是勘探和开发。"挪威石油和能源部副部长解释说。2015 年初，挪威在北极地区再次开放石油租约。更多的石油生产将产生更多的二氧化碳，因而此类钻探有可能放大高纬度地区气候快速变暖的反馈效应。

·· 气候冲突 ··

到 21 世纪初，气候变化已经加剧了人类社会之间的竞争和冲突。这些竞争的形式多种多样，如对矿产和化石燃料储量的争夺、对水资源的争夺等，有些甚至还会引发武装冲突。

在北极，利用气候变暖来开采自然资源的可能性引发了新的竞争。加拿大和俄罗斯试图在北极宣示主权。两国都进行了军事演习。主权主张激发了人们对确定大陆地壳边界的新一波兴趣，包括俄罗斯和格陵兰岛之间的罗蒙诺索夫海岭的所有权。俄罗斯声称对罗蒙诺索夫海岭拥有主权，根据俄方的说法，罗蒙诺索夫海岭是俄罗斯领土的延伸。加拿大对这条海岭也有类似的主张，因为它的西南边缘正处于加拿大的埃尔斯米尔岛。2007 年，一艘俄罗斯潜艇在北极下方的海洋深处插上了一面国旗。2014 年，丹麦反驳称，北极周边地区与属于丹麦的格陵兰大陆架相连。

气候变化使干旱愈演愈烈，加剧了世界各地许多地区的紧张局势。即使某些干旱并非源于气候变化的影响，但高温也会加速蒸发。在发达国家，干旱引发了用水方之间的竞争。在美国西部，水资源短缺使消费者（通常是城市和郊区居民）与农民和农业生产者产生了对立。得克萨斯州的监管机构曾试图限制农业供水来保证居民生活用水和工业用水，结果农民提起了诉讼。在用水权的划分中，往往优先考虑最原始的需求，但人口增长和发展给水供应施加了更大的压力，而干旱则加剧了当下的冲突。

冲突的界线通常很复杂。例如，加利福尼亚州不仅是美国杏仁的主要产地，也是全世界杏仁的主要产地。自 20 世纪 90 年代以来，随着国内需求和全球出口的增长，加州杏仁的产量增长了两倍。种植杏仁需要大量的水，但其他作物如苜蓿等也是如此。当水供应不足时，很难确定哪些作物最值得分配水。

干旱也加剧了农业用水大户和加州居民之间的对水资源的竞争。加州人希望保护奇努克鲑鱼的数量。随着浅水水温的升高，加利福尼亚北部克拉马斯河系统中的奇努克三文鱼面临着生存危机，尽管该地区的大部分水资源现已被转移到南部的圣华金山谷用于维持杏仁以及其他坚果和水果的种植。冬季降雪可能会在短期内缓解竞争，但在一个气候变暖的世界里，当干旱再次降临时可能会又一次加剧水资源的紧张局势。

美国各州也在进行水资源的争夺。在美国西部，七个州共享来自科罗拉多河流域的水资源，但需求超过了供给。特别是亚利桑那州和加利福尼亚州，在对科罗拉多河水资源的控制上存在争议。类似的竞争，在包括巴西在内的许多受干旱影响的地区和国家愈演愈烈。将水从巴西东部的主要河流圣弗朗西斯科河调入东北部的计划，引发了人们的争议。反对者指责该项目将大型农业利益凌驾于东北部干旱地区居民的利益之上。巴西的一些城市间也对水资源的控制权存在争议。2014 年底，干旱和水资源短缺引发了圣保罗和里约热内卢两市之间在水资源方面的冲突：圣保罗计划从原先为里约供水的水库中引水。这一计划遭到了里约的反对。

在水资源方面的竞争也使各国之间出现对立。在非洲东北部，埃塞俄比亚和埃及在尼罗河的使用方面发生了分歧。埃及最早出现的文明就出现在尼罗河畔，依赖于尼罗河水每年一次的灌溉。对现代埃及而言，如果有什么不同的话，那便是现代埃及对尼罗河的依赖性更强。这种依赖不仅表现在灌溉和供水方面，更重要的是水力发电。尼罗河上巨大的阿斯旺大坝负担着埃及一半的电力。埃塞俄比亚计划在尼罗河两大主要的支流之一的青尼罗河上游建造大坝，这引起了埃及和苏丹的恐慌。

降水与冲突之间的确切联系依旧复杂。近几十年来，在暴雨增加的情况下，牧民可能更容易卷入冲突，因为在那一时期抢夺牲口的事件会频频发生；然而，多年极端干旱或大雨这样极端偏离常规的情况则确实与社会冲突相关。

水资源短缺导致东非居民之间的关系日益紧张，甚至发生了暴力事件。在埃塞俄比亚和肯尼亚，牧民扩大了寻找牲畜饲料的范围，这也加剧了因争夺水资源而产生的摩擦和冲突。肯尼亚北部图尔卡纳湖的水位下降，迫使牧民到更远的地方寻找水源，这无疑增加了冲突发生的可能性。事实上，人权观察组织在 2014 年进行的调查就已经展现了这种冲突。

在西非，乍得湖水域的利用引发了对日益减少的宝贵水资源的竞争。乍得湖曾是撒哈拉沙漠以南萨赫勒草原上的一个大型浅水湖。近几十年来，它的面积已经从 20 世纪 60 年代初的 2.5 万平方千米左右减少到今天不足 1000 平方千米。气候变化以及人类用水是导致乍得湖面积总体减少的原因。2002 年，国际法庭对喀麦隆和尼日利亚两国因该湖而产生的冲突作出裁决，最终喀麦隆得到了法庭的支持，但是这并没有终结牧民、农民以及渔民对该地区水源的争夺。干旱和沙漠的扩张，迫使牧民向南进一步迁移到中非地区，寻找牧场。乍得湖流域水资源的流失，使该地区变得十分脆弱。2009 年，激进组织博科圣地兴起，该组织旨在通过战争建立一个伊斯兰国家。博科圣地对农民进行了有组织的袭击，造成饥荒。在饥荒和气候变化的共同作用下，尼日利亚国内大量流离失所的难民只得四处流窜。

气候变化加剧了极端情况。干旱不仅引发人们对水资源的争夺以及地方团体之间的武装冲突，而且还推动了战争的爆发。针对气候变化对战争与和平的影响的分析，与广义上人类历史中的气候研究是一致的。目前，在对战争原因的研究中，气候变化不再像以前那样仅仅被视为一个背景因素，而是被认定为一个显著的变量或可能的原因。但从总体气候历史来看，安全研究中的一个观点提醒人们，不要认为气候的特定变化必然导致或决定某一特定的结果的发生。干旱本身并不会必然引发战争或决定战争的结果，但它给那些本就处于冲突之中，面临着各种不稳定的社会带来了战争压力。尤其每当厄尔尼诺年来临时，新冲突爆发的可能性就会提高。

干旱与其他因素相互作用，共同推动了中东政治冲突及战争的兴起。2010 年 12 月，一名突尼斯水果商为了抗议警察腐败而自焚身亡。随后阿拉伯世界大部分地区掀起了一波抗议和起义的浪潮，史称"阿拉伯之春"。这次事件给许多政权带来了挑战，一些国家对此进行了严厉的镇压，而另在一些国家，多种力量之间的权力争夺，引发了复杂而持久的暴力斗争。

政治和社会对独裁及腐败政权的不满是导致"阿拉伯之春"的最直接原因，但对干旱影响的应对不利也加剧了这种不满。相关学者将气候描述为一种隐藏的压力源，或是一种"情况或环境的突然变化，这种变化与复杂的心理状况相互作用，导致先前沉默寡言的人突然变得暴力"。在"阿拉伯之春"之前，包括叙利亚和利比亚在内的许多国家，数年来一直处于严重干旱之中。

从干旱到政治动荡有多种途径：在叙利亚，干旱加上人口增长，而政府却没有采取有效的措施来鼓励农民和牧民向城市移居。与此同时，欧亚大陆上其他地区的干旱也加剧了中东的不稳定。2010 年夏季，干旱耗尽了俄罗斯的粮食储备。2011 年，干旱导致中国冬小麦歉收，迫使其扩大小麦进口。这场发生在中国的干旱以及其他小麦产区的气温变暖使小麦减产，全球小麦价格随之上涨。由于中东及北非各国是主要的小麦进口国，小麦价格上涨对这一地区的打击尤其严重。正因为如此，埃及人发现，就在"阿拉伯之春"的抗议活动愈演愈烈之际，他们花在购买小麦上的份额也越来越多。干旱并没有直接引发"阿拉伯之春"，但它加剧了人们的怨恨和不满。

在整个北非，21世纪初的气候变化与经济趋势和冲突相互作用，导致大量移民的产生。无家可归的人在非洲境内流窜。博科圣地与尼日利亚政府之间的冲突致使200多万人失去家园。国际法将被迫逃离家园但仍在其祖国境内的人列为"国内流离失所者"。小部分非洲人，长途跋涉来到欧洲。不可靠的降雨以及其他许多因素为马里、尼日尔等的国民提供了一种冒险北上的理由。在非洲之角，严重干旱加剧了战争带来的恐慌，移民和国内流离失所者越来越多。

·· 富人和穷人 ··

几个世纪以来，复杂社会对气候波动的适应性越来越强。如今许多富裕社会的居民可能会忽视一些明显的气候变化的迹象。常年栽培植物的园丁已经注意到了生长季节的变化，户外运动爱好者也已经发现了季节的变化，但西方社会富裕的公民们每天数个小时都生活在温度可控的房屋、车辆或办公室中，因而很容易错过这些变化。

长期以来，气候变化对不同的人群产生了不同的影响。在人类史前早期，狩猎采集者被证明能够适应各种不同的当地和区域环境。农业兴起带来的影响有好有坏。复杂社会开始储存食物，原则上提高了对气候波动的适应能力，但与狩猎采集社会相比，气候冲击对基础设施完善的社会带来的影响可能更大；甚至在某些情况下，那些依赖资源密集开采的统治精英们，可能发现他们自己最容易受到气候变化的影响。

然而就在最近，最大风险的钟摆已从精英群体中移开。发达社会的持续发展将最大风险转移到那些较不富裕、较不强大的人群之中。生活在低洼地区，资源有限的脆弱群体最先受到影响。而原本就面临着许多其他重大的问题的政权遭受的冲击最大。再多的财富和权力也不能完全免除洪水、风暴或干旱的影响，但富人能更好地保护自己免于受到最严重的打击。例如，当洪水来袭时，那些居住在树木被砍伐的山坡上的居民，与居住在拥有挡土墙且维护良好的大房子里的人相比，遭受的后果可能会严重很多。同样，孟加拉国沿海地区的村民在洪水后复原的机会，可能比美国东海岸地区的房主要小得多。

8

气候变化的争论

· 对气候科学的攻击

· 气候预测及不确定性

· 挑战

· 气候协定

· 能源的选择

· 技术方法与地球工程

· 气候变化经济学

截至 20 世纪末 21 世纪初，越来越多的证据表明气候变化已经影响到人类社会，但公众对一些关键问题仍没有达成共识。人类活动推动气候变化，这一基本结论尽管得到了绝大多数气候科学家的赞同，但仍然遭到了大量的抨击。而这些公众间的争议又反过来衍生出对人为变暖这一科学共识的误解。事实上，真正的科学争论所关注的并不是人类在气候变化中所扮演的角色；相反，气候科学家专注的是如何识别和测量气候反馈的影响，并对其变化速度进行预测。

气候变化与人类历史紧密相连，二者很难被截然分开。千百年来，复杂社会对气候变化的适应能力越来越强；然而，当前人类社会命运与气候变化影响相脱离的趋势，已经走到了尽头。人类活动已成为迫使气候变化的主要因素。人类在当前及未来对能源的使用将塑造未来气候变化的趋势。现在，在任何一种正常的场景下，我们都面临着希望自己生活在什么样的未来的重大选择。

·· 对气候科学的攻击 ··

20 世纪末 21 世纪初，气候科学发展迅速。在世界各地科学家的努力下，气候科学以及气候史各方面的知识几乎都得到了拓展。他们的研究成果在现有的许多科学期刊以及专门针对气候科学这一特定领域的新期刊上都有发表。作为回应，联合国于 1988 年成立了"政府间气候变化专门委员会"（IPCC）。1990 年，该专门委员会发布了第一份评估报告，在接下来的时间里大约每五六年发布一次评估报告。至 2013 年，已发布了 5 次评估报告。2007 年，"政府间气候变化专门委员会"与美国前副总统戈尔一起共同获得诺贝尔和平奖，以表彰他们在公布有关气候变化最新信息方面的贡献。

与此同时，一些国家出现了对气候科学多种形式的强烈抵制。由于碳排放监管可能会对一些行业产生不利的影响，这些行业往往会支持对气候科学的质疑。各国政治在气候科学上分歧的程度不尽相同。在美国，有相当数量的民选政治领导人公开谴责或质疑气候科学的有效性。21世纪初，政治上对气候科学最强烈的抨击来自共和党，尤其是在那些主要依赖化石燃料的工业区。民意调查显示，在是否接受地球正在变暖这一观点或是否认这是一个重要问题方面的美国人中，美国人表现出的党派界线十分明显。澳大利亚和加拿大等国的个别政治领导人也对气候科学表示怀疑。除了政治机构之外，还有许多不同的组织和网站也在抨击或诋毁气候科学的发现。这些声音在一些大型广播公司和网络及纸质媒体的推动下传播开来。

这种政治鼓动的效果在针对"曲棍球棒"曲线、英国气候研究机构以及"政府间气候变化专门委员会"的争议中都有所体现。"曲棍球棒"曲线由气候科学家迈克尔·曼图、雷蒙德·布拉德利和马尔科姆·休斯在1998年首次提出，体现了自1400年以来的全球气温变化情况，后又扩展到最近2000年的时间段内。该图显示，在20世纪后期，全球气温大幅上升，整条曲线呈现出曲棍球棒的形状。2001年，政府间气候变化专门委员会在其第三次评估报告中收录了该图。作为回应，反对者发动了运动，通过攻击图表的有效性来推翻气候科学家的研究以及这份评估报告。这些攻击引起了公众的注意，但原始"曲棍球棒"曲线中反映出的全球气温急剧上升的情况已经得到了多项历史温度趋势科学评估的证实。

在另一起针对人类活动导致气候变化以及全球变暖这一科学共识的重大攻击中，身份不明的黑客侵入了英国主要气候研究中心——英国东安格利亚大学气候研究部门的电子邮件。他们断章取义，选择性地向公众泄露了邮件中的信息，旨在给人留下气候科学家制造阴谋的印象。然而，经过多项调查和讯问，并没有发现任何此类行为的证据。后来，政府间气候变化专门委员会第四次评估报告中，一段关于未来喜马拉雅冰川融化速度的内容被发现有误，阴谋论又一次得到宣扬。

对气候研究的攻击，一部分是源于对科学本身缺乏了解。"全球变暖"一词给人一种气温每天都在升高的错觉；在这种认知下，寒冷的一天或一场雪就足以让人们打消对变暖趋势的赞同。沿着这种思路，最近又出现了一种更为复杂的观点，即全球变暖已经停止。尽管空气中二氧化碳的浓度继续增加，但过去 10 年的记录显示，气温并没有同步增加。这一明显的气温上升间歇期，却被怀疑论者视为反对变暖趋势的证据。与此相反，气候科学家指出，气候变暖仍在继续。他们中有些人认为，大部分新增的能量出现在海洋而非大气之中，而另一些则认为，实际上根本没有所谓的气温上升间歇期。2014 年，大多数气候数据集显示，那一年是有纪录以来最热的一年。2015 年，全球所有主要地表温度数据集都显示出，气温纪录被刷新。随后大多数数据集确定，

2016年创造了新的气温纪录。有记录以来最热的年份大多发生在2000年以后。根据美国宇航局的分析，记录中17个最热的年份中有16个发生自2001年1月4日以后。

在任何情况下，这些运动或争议都没有改变人类活动导致气候变化这一基本科学共识，但这种对反气候科学的鼓动突出了不同国家对气候变化认识的差异。例如，2014年发布的一项民意调查显示，在回答气候变化"主要是人类活动的结果"时，各国受访者的差异最大。在美国，54%的受访者赞同这一立场，略低于加拿大的71%，与其他一些国家相比则更低，如巴西为79%，法国80%，意大利84%，以及中国93%。调查结果会随着时间变化而变化，不同的问题也会产生不同的结果，但美国受访者对气候变化感到的紧迫性仍比大多数其他地区的受访者要低。2015年，皮尤研究中心公布的另一项调查结果表明，在美国仅有41%的人赞同"气候变化正在危害人类"，低于亚洲和太平洋地区（48%）、非洲（52%）、欧洲（60%）以及拉丁美洲（77%），只有中东地区（26%）比美国更低。

·· 气候预测及不确定性 ··

气候科学家使用一系列全球气候模型(GCMs)试图预

测温室气体排放将如何改变地球系统。全球气候模型使用已建立的数学公式来模拟气候过程，可以考虑到各种排放情景。最早的全球气候模型可以追溯到 20 世纪 70 年代，它所包含的气候系统的参数相对较少。从那时起，模型的复杂性和精确性都有所增加，气候预测的准确度得到提高。在最近的报告中，政府间气候变化专门委员会选择了四种"代表性浓度路径"(RCPs)，涵盖了一系列可能的排放情景。如果我们继续遵循当前的轨迹，那对未来气候的预测，最轻也足以让人清醒。即使采取了积极的气候政策来控制排放，全球气温也可能会至少上升 1℃。到 21 世纪末，持续的高排放量可能会使平均气温升高 3℃ 以上，达到人类历史的最高水平。这些并不是按高值估算的结果，因为即使已经是高排放途径，仍可能出现更极端的结果，或由于气候反馈的作用，或是由于在能源生产和消费扩大的时候，没有能够同步大幅度减少碳排放造成的。

继续沿着我们目前的道路走下去也将会导致海平面更大幅度的上升。根据之前的预测，到 2100 年全球海平面将平均上升 1 米，但新的研究将这一数字提高了一倍。随着人类在海洋变暖对冰原影响方面的认识不断加深，预测的结果出现了较大的增长。对冰原上下融化情况的详细研究和建模发现，在未来格陵兰岛和南极洲两地冰川的不稳定性会更大，融化速度也将更快。无论哪种情况，最终的结果都将是海平面上升速度加快。通过对潜在反馈效应的研究，对高排放路径可能产生的最大影响进行估计，得到的结果更加极端。著名的气候科学家詹姆斯·汉森以及他的同事认为海平面的上升可能会高达几米。根据这些最新的预测，世界上许多主要城市都将面临重大威胁。像纽约、波士顿、上海和达卡这样的城市虽然不会被洪水立即淹没，但在没有建造耗资巨大的海堤的情况下，这些城市的重要区域将无法居住。沿海城市将会面临海平面的进一步上升。

相比之下，对未来降水模式的预测更加困难，但从总体上来看，未来的情况可能更加极端。从最简单的意义上说，潮湿地区将变得更加潮湿，干燥地区也将变得更加干燥。个别降水事件可能变得更加极端和频繁。加强版的极端降水和干旱将使那些较为贫穷的社会触及压力的极限，进一步增加社会的不稳定性和移民的可能性。

尽管气候模型得到了改进，人们对预测也越来越有信心，但不确定性仍然存在。例如，模型很难预测在未来气温更高的世界里，云会是什么样。云具有不确定性，部分原因是它们对全球变暖的反馈作用既可能是消极的，也可能是积极的。低空云层的增加会带来负反馈，因为与吸收的热能相比，它们反射阳光会更多，从而产生净降温效应。因此，低空云层的增加将在一定程度上抵消全球变暖的趋势。相反，高空云层会导致净变暖，因为与反射回太空的阳光相比，它们吸收的地球热能更多。从目前的预测来看，高空云层将会增加，这将放大目前气候变暖的趋势。当前，这仍是一个活跃的研究领域。

其他类型的气候反馈也可能会加剧全球变暖。目前北极永久冻土中蕴藏的大量碳物质就是一个例子。永久冻土的融化会使冻结在其中的古代动植物遗体的腐烂。此间释放出的二氧化碳或甲烷会产生额外的温室气体，产生正反馈。对这种反馈进行预测与对云层的影响进行预测一样具有挑战性。永久冻土中的碳，其释放量和释放速度并不确定。最近的一项分析表明，永久冻土中储存的碳在未来几十年至几个世纪的时间里将缓慢释放。政府间气候变化专门委员会的最新报告中使用的模型没有充分考虑到永久冻土层的反馈，因此实际气温可能会比他们目前预测的更高。

· · **挑战** · ·

尽管对于高排放路径的预测结果十分严峻，但现代社会在创造替代路径方面仍面临重大的政治、认知和经济障碍。一些人拒绝接受气候科学的发现，这本身就是一个障碍。如果数量庞大的少数群体坚称不存在快速变暖，或在某些情况下快速变暖实际上是有益的，那么这个问题就很难得到解决。

在应对气候变化方面的拖延不仅源于对科学发现的否认或拒绝，更广泛的原因还在于对气候变化的认知。仅仅认识到人类活动正在引起气候变化，并不一定等于理解了威胁的全部层面，或做好了准备，支持采取行动以遏制气候变化。从政治调查的结果来看，气候变化经常被大批选民视为一个较不重要的问题。

认知，或者更具体地说，人类识别和应对潜在威胁的方式，也会影响采取重大行动的准备程度。人类进化为我们提供了识别和应对某些威胁的手段，但我们并不总是有能力对风险进行全面评估。例如，开车这样的正常活动似乎比被毒蛇咬伤这种不寻常的事情更安全，尽管从统计学上讲，开车的风险其实更大。我们一般比较擅长感知即时的身体上的风险，但在识别和应对如气候变化这般更加复杂的长期风险方面则逊色得多。研究还表明，我们更愿意接受更大的风险，以避免可能的损失，而不是获得潜在的利益。目前，一个新的研究领域正在兴起，研究者通过应用行为科学来解决这些问题，试图更好地理解人类对气候变化的感知和反应。人们争论的焦点之一在于，究竟哪一种做法更有效，是向人们展示一个更普遍的潜在的严峻前景，还是采取一种更加乐观的方式，告诉他们可以采取的独立的个人行动来应对这一问题。事实上，除非这些个人行动与更广泛的行为规范的转变相关联，否则它们将不足以防止最极端的气候变化。

经济上的利己主义对解决气候变化带来的问题构成了更直接的障碍。地球大气中二氧化碳浓度之所以能够增长到人类历史上前所未有的水平，正是源于以化石燃料为主要动力的工业化浪潮和运输革命。这一现实反映在全球最大企业的构成上。全球最大公司名单的评选标准各不相同，但无论以何种标准衡量，专门生产石油和天然气的能源公司因其巨大的收益而在全球最大公司中占据很大比例。2015 年，在全球收入最高的 25 家公司中，这类公司占了 8 家，除此之外，还有另一家公司也大力涉足采矿业。一旦离开化石燃料，这些强大的经济力量将遭受重大损失，而各国政府由于高度依赖这些公司，因而出于经济动机，也对这种转变有所忌惮。沙特阿拉伯等波斯湾国家和俄罗斯是世界上最大的石油和天然气生产国，另外还有加拿大、巴西和墨西哥等。水力压裂技术使美国成为世界上最大的天然气生产国，而原油产量在经历了长时间的下降后，在 2005—2015 年之间也有所增长。在煤炭储量丰富的国家中，中国、美国、澳大利亚、印度、印度尼西亚和俄罗斯是最大的煤炭生产国。一个国家，并不会仅仅因为拥有丰富的化石燃料储备，就竭力阻挠遏制全球变暖的努力。气候谈判代表批评沙特阿拉伯试图在语言上淡化气候变化的影响，并试图尽量降低国际气候谈判的目标。与此同时，即使是在国际上享有更环保声誉的国家，也可能会发现，很难放弃历史悠久且占支柱地位的工业。例如，2016年，挪威颁发了钻探许可证，允许在北极地区开采石油。

减少化石燃料的使用将对石油、天然气以及矿业部门的就业形势产生冲击，然而，能源生产并非零和博弈。在许多地区，可再生部门的就业增长速度已经快于现有化石燃料生产部门的就业增长速度。尽管如此，化石燃料开采的大幅减少会带来了一个新问题，即应该采取何种措施来帮助那些失业的工人。

为大量使用化石燃料而建造的基础设施过于密集，这是改革的另一个障碍。经过好几代人的努力，我们已经在这方面累积了巨额的固定投资，这种基础设施已成为一种常态。在某些情况下，新能源可以接入现有的基础设施，但经济学家也提到沉没成本的问题，即那些已经付出但无法收回的成本。例如，美国在公路上的投资远远超过铁路。在一个绝大多数人乘坐私家车上下班的社会里，很容易将修建和维护道路的成本视为一种常态，但这实际上也是一种沉没成本，其中的一部分本可以投资于铁路或其他地方。

对成本的假设也为脱离化石燃料制造了障碍。我们通常将成本分为两类：消费者要支付的直接前期成本和将来要支付的后期成本。由于我们广泛地依赖化石燃料，必然会计算石油、天然气和煤炭的生产和购买成本。举个简单的例子，任何一个正在加油的司机都应该会知道当天汽油的价格，但任何人都不会预先支付与污染相关的疾病以及气候变化造成的损害的相关费用。因此，虽然加油站的消费者非常清楚汽油的价格，但我们实际上并没有为污染买单，不管是对个人还是对集体。只要没有人预先支付全部费用，化石燃料就会依然人为地保持廉价。

·· 气候协定 ··

在国际上，联合国召开了一系列针对气候变化的会议。这项努力最早体现在 1992 年通过的《联合国气候变化框架公约》。该公约于 1994 年生效，其终极目标是将温室气体排放保持在一个稳定的水平，"在该水平上人类活动对气候系统的危险干扰不会发生"。1997 年，《京都议定书》颁布，此举被视为为实现这一目标所作出的第一次重大尝试。根据《京都议定书》的条款，各缔约方同意在 1990 年的基础上削减碳排放量。各国的削减量各不相同，例如，欧盟承诺削减 8%，美国承诺削减 7%。总体平均削减量达到 5.2%。许多国家最终核准了《京都议定书》，但美国在 2001 年拒绝批准《京都议定书》，加拿大则在 2011 年退出了该议定书。该议定书并未包括要求中国和印度等发展中国家强制性减排的条款。原因在于，在谈判开始之前，这些国家的碳排放量一直低于发达工业化国家；然而，由于非参与国的排放以及有些国家未能完成《京都议定书》的减排目标，到 2010 年，全球碳排放实际上比 1990 年的基准日期的规定大幅增加了近 50%。

制定全球协议以遏制减排的这种努力，面临着如何设定气温上升极限的问题。全球变暖大会及其协议决定，将全球气温上升控制在前工业化时期水平之上 2℃以内。这一目标的提出最早可以追溯到 20 世纪 70 年代。欧洲在 90 年代时，在气候政策的讨论中将其确立下来。2009 年，哥本哈根会议将 2℃确定为国际目标，但却未能写入最终文件。2010 年，各国政府在坎昆达成一项后续协议，承诺"将全球平均气温升幅控制不超过工业化前水平 2℃"。2015 年，在主办国德国总理安格拉·默克尔的敦促下，七国集团领导人最终同意了这一目标。

虽然经历了长时间的磋商，但 2℃的目标本身还是引发了争议。一些科学家认为它过于保守，可能会产生一种错误的安全感。考虑到全球变暖带来的诸多反馈机制，2℃目标可能不足以阻止人类社会以及许多其他物种所面临的重大挑战。气候科学的先驱詹姆斯·汉森写道，气温上升 2℃将"让年轻人、子孙后代和大自然遭受无法弥补的伤害"。另一些批评者则认为 2℃目标太过简单，相比之下，他们呼吁关注一组"生命体征"，其中包括大气中二氧化碳浓度、海洋温度以及高纬度气温等因素。一些顶尖的气候科学家之间在许多方面也存在分歧，如设定具体目标的价值、选择有效生命体征的难度以及废除温度目标是否会为进一步地拖延和无所作为提供借口等。德国总理默克尔和教皇方济各的气候顾问汉斯·约阿希姆·尚胡贝尔指出了2℃目标的价值和潜在风险。他认为，这个目标至少给政府指出了一些方向，"2℃是一个妥协，但它至少是一个切实可行的目标，所以这是有意义的"。不过，他又补充说这可能并不能给人们带来安全，"但2℃实际已逼近临界点甚至已在其之上，所以2℃目标并不是一个好的妥协。它是危险和灾难性气候变化之间的分界线"。2015年，《巴黎协定》保留了将本世纪全球平均气温上升幅度控制在2℃以内的目标，同时又增加了一项目标，即"将全球气温上升控制在前工业化时期水平之上1.5℃以内，这将显著降低气候变化的风险和影响"。

围绕气候问题所进行的谈判，旷日持久，这不能简单地归因于国际和国家政治机构及领导人的低效，而是源于成本分摊和利益分配的实际争端。人类活动造成的气候变暖持续发展，将给人类社会带来广泛的挑战，但在早期，有些社会承担的成本可能会高于其他社会。例如，2013年编制的气候变化脆弱性指数显示，南苏丹、海地、塞拉利昂、几内亚比绍以及孟加拉国承担的风险最大，尽管这些国家的经济发展水平各异。一般来说，贫困人口最难以避免早期气候变化的影响。这种风险的不平衡既来源于资源方面的巨大差距，有时也来源于气候变化可能产生的区域影响。面对气候变化带来的新挑战，较贫穷的社会能够调用的资源很少。例如，西非的几内亚比绍是一个地势较低的国家，人口160万，人均国内生产总值只有500美元左右，因此，在适应气候变化方面能够投入的资源很少。几内亚比绍的碳排放在人类温室气体排放总量中所占的比例几乎可以忽略不计，还有许多国家也处于类似的境地。与此同时，这些最没有能力投入大量资源应对气候变化的国家，很可能会遭遇降水的显著变化。例如，在海地这个西半球人均国内生产总值最低的国家，极端降水和干旱的频率越来越高，可能会对其造成特别严重的破坏。

在全球范围内，风险与资源的差异影响着人类对气候变化的反应。一些社会尽管深受其害，但却没有能力制定和影响各种气候协定。与此同时，富裕国家的居民可能觉得自己受到的直接影响不大，因此可能并不热衷于采取积极的应对措施。这种风险水平的差异甚至在地区层面上也会有所体现。在城市地区，面对气候变暖，贫困社区的居民面临的后果比富裕社区的居民更加严重。随着气候变化的发展，极端热浪出现的可能性越来越大，死亡率也将节节攀升。热浪带给各地的死亡风险却并不相同。无论是在巴基斯坦、美国还是其他地方，穷人最有可能在极端热浪中死去。

除了发达国家和欠发达的国家之间需要分摊成本，分配利益之外，平衡过去、现在以及未来温室气体排放国之间的成本是应对气候变化的另一项重大挑战。迄今为止，早期工业强国在工业革命进程中，排放出的碳物质是最多的。例如，美国是20世纪碳排放量最大的国家。从1850年到2002年，美国的碳排放量占全球总量的29.3%，超过了其他任何一个国家。1850年，世界上第一个工业化国家英国，是当时主要的温室气体排放国，其排放量占全球总排放量的6.3%，低于德国的7.3%，高于日本的4.1%。考虑到过去的模式，《京都议定书》只对发达国家的减排量做出了规定。根据《京都议定书》的条款，那些在工业革命过程中排放量居世界前列并获得最大经济效益的国家，将首先减排。

截至21世纪初，美国及其他早期工业化国家仍是碳排放大国。自20世纪后期以来，发达国家的碳排放量仍在增长之中。从1850年开始，美国就是世界上最大的累积二氧化碳排放国，截至2011年，情况仍是如此，但比例已降至27%。亚洲新兴工业大国的碳排放增加，中国超过美国，成为全球最大的碳排放国。2006年，除了中国、美国、俄罗斯、日本、加拿大和欧盟国家之外，印度、印度尼西亚、巴西、墨西哥也加入了21世纪初碳排放大国之列。

随着中国和印度等国排放量的增加，平衡碳排放新旧领军者之间的减排量，成为大多数围绕控制排放而展开的辩论的焦点。显然，历史悠久的工业强国对已经发生的气候变化应负有最大责任，但世界各地排放量的激增必将导致气候的进一步变化。双方都可以轻易地将碳排放量的转变作为其拖延的一个政治借口。新兴工业国家的政治领导人有理由辩称，老牌工业强国应该先行一步。而来自老牌工业强国的政治家则呼吁，除非所有的国家都加入，否则就应推迟采取行动。限制气候变化的可行性途径要求所有主要排放国联合采取全球行动，但即使是真诚的努力，也需要就如何分配或分担减排达成协议。

几十年来，发达国家的碳利用率越来越高。从碳排放强度，即每单位国民生产总值的增长所带来的二氧化碳排放量来看，俄罗斯、中国、印度尼西亚以及加拿大都比美国要高。然而，从人均碳排放量来看，美国低于澳大利亚，但却远高于中国和印尼等国。减少排放强度，为推动发展中国家加入全面减排计划提供了一条路径。2015 年，全球最大的碳排放国中国，承诺在 2030 年之前，将碳排放强度在 2005 年的基础上降低 60% ~ 65%。尽管如此，中国的碳排放总量仍将继续上升。

经过多年的多轮谈判，2015 年巴黎气候变化大会达成了一项新协议，各国提交了各自的减排计划。根据协议条款，各国必须每 5 年提交一份新的更严格的计划。《巴黎协定》揭示了找到确保减排的方法的持续困难，但它确实开辟了新的领域：与《京都议定书》侧重于发达国家减排不同，《巴黎协定》涵盖了世界上大多数国家。

2016 年 11 月，美国总统选举结果引发了一系列关于如何应对气候变化的新问题。在竞选中，唐纳德·特朗普承诺支持煤炭发展，并将退出《巴黎协定》。2017 年，特朗普正式宣布美国将退出该协定。他还反对降低发电厂碳排放的法规。美国在国内和国际上减少遏制温室气体排放行动的承诺，将进一步阻碍遏制全球变暖的努力。

·· 能源的选择 ··

如果人类能够共同努力，来避免气候变化的最坏结果，那么在未来几十年里，将可以从多种可能的替代能源做出选择。从更广泛的意义上说，气候变化和能源使用的趋势对世界经济未来的走向提出了根本性的问题。

工程师和科学家在识别和开发新的碳来源方面可谓独具慧眼，大量化石燃料储备，使人类面临着前所未有的选择——是否对它们进行开发和使用。20 世纪后期，随着能源消耗的增加，人们开始对石油峰值进行预测，有人认为世界石油产量已经达到了顶峰；然而，石油和天然气行业已经成功勘探到了大量的后备资源。换成人类历史上的其他大多数时刻，这可能都是一件好事。但在 21 世纪，由于碳预算方案的存在，化石燃料储备大增却反而使人类陷入两难境地。碳预算决定了碳的释放量，为了避免人类面对气候变化最极端的后果，即通常所说的将全球变暖控制在不超过 2℃的范围内。2014 年，据参与全球碳项目的研究人员和科学家估计，全球已经用掉了三分之二的碳排放配额，未来 30 年内，人类将面临着排放量超过预算的风险。尽管研究者对碳预算总额的估计各不相同，但无一不要求对碳排放进行大幅削减，其幅度往往要远高于政治领导人的预期。许多人预测，如果目前的趋势继续下去，到本世纪下半叶，排放量将不得不降至几乎为零。

这些令人不安的数字，推动了一场"将碳留在地下"的运动。2014 年至 2016 年，受这场运动的影响，美国用于运输加拿大阿尔伯塔省焦油砂所产石油的加拿大基石管道项目引发了人们的反对。这场运动，从更广泛的意义上来看，针对的是一系列可能在未来继续维持目前的高排放量，甚至是进一步增加碳排放量的化石燃料项目。

大多数遏制人为气候变化的方案都要求大力发展清洁能源，简单地说，即扩大低碳或零碳形式的能源生产。最典型的例子莫过于太阳能、风能以及水电。这些能源并非都是新能源，风车和水车的历史一样悠久，然而，当前世界消耗的能源远远超过人类历史上其他任何时期，因而所需的清洁能源的部署规模也是前所未有的。风能和太阳能的成本一直在下降。在个别国家如丹麦、德国等，替代能源已成为主要能源。2015 年，丹麦 40% 以上的电力来自风能。在德国，可再生能源的发电量占总发电量的比重从 2000 年的 6.2% 上升到 2014 年的 27.8%。有时在春夏两季，可再生能源的发电量占总发电量的比重超过 70%，甚至高达 85%。尽管如此，要想在全球范围内加快和扩大清洁能源的使用，则需要大规模地扩大生产和部署。

在寻找更清洁能源的整个过程中，争论的焦点主要集中在水力压裂法在提高天然气产量方面的作用以及核能的作用。利用水力压裂法，将水和沙子的混合物注入页岩等岩层中，增大岩石裂隙，从而进行石油或天然气的开采。这一原理并不新鲜，水力压裂技术的进步帮助美国大幅提高了石油和天然气的产量。水力压裂法的支持者认为，天然气产量的增加，提供了通向更清洁未来的桥梁。实际上，与石油相比，天然气的碳密度更低，甚至比煤炭的还要低。从原则上讲，用天然气取代煤炭可以减少温室气体的排放。

依靠水力压裂法抑制温室气体排放的有效性却引发了争议。争论的一个主要方面与水力压裂过程中释放出的甲烷有关。甲烷本身是一种强效的温室气体，因此，在水力压裂过程中释放的甲烷可能会抵消碳密度较低的燃料所带来的潜在好处。在远离生产现场的许多社区，旧的天然气管道也存在甲烷泄漏的问题。减少此类泄漏需要有效的监管来确保天然气生产商遵守规定的机制以及对天然气输送系统的大量投资。

关于天然气在控制温室气体排放上的作用，第二个主要争论来源于压裂天然气的扩张将如何影响能源市场方面。即使可以通过严格的钻探法规和管道维护来控制甲烷的排放，但在一些经济模型中，扩大压裂天然气的产量会延迟向低碳未来的转变。水力压裂天然气成本相对较低，不仅导致了美国部分煤炭产区的产量下降，也可能会大规模减缓可再生能源的发展速度，导致正常排放情景下的气候预测发生偏差。

大多关于水力压裂技术成本和收益间激烈争论的焦点并没有落实在对气候变化的影响上。在一些社会中，水力压裂法已成为主流，然而，反对者经常表示，他们担心注入岩层以挤出石油和天然气的化学物质会影响水质。另一方面，水力压裂作业所需的水量也引起了人们的关注。

在替代能源的选择中，核能的使用也引发了争论。支持发展核能的人指出，核能发电不会产生温室气体，然而，2011年日本福岛核电站事故增加了人们对核能安全的担忧。建造常规核电站的成本极高，初期建设成本高达数十亿美元，而放射性废料的储存仍存在一些未能解决的问题。迄今为止，人们对于究竟该如何储存高放射性废物并没有达成共识。例如，美国曾计划在内华达州尤卡山下建造核废物储存库，在经过 30 多年的讨论、设计、施工和辩论之后，该计划宣告中止。目前正在进行的研究仍在寻找核电的其他形式，包括钍反应堆和增殖反应堆等。除了成本问题，人们对核安全以及核扩散可能性的担忧依然存在。

·· 技术方法与地球工程 ··

在一个能源需求量巨大的世界中，专注于减少能源生产所产生的温室气体排放是有意义的，但同时也有另外一套不同的方法，侧重于使用技术来储存或捕获二氧化碳，或尝试消除气候变化的影响。考虑到二氧化碳浓度不断上升在气候变化中所起的作用，一些研究人员已经开始研究在能源生产过程中或直接从大气中去除二氧化碳的方法。例如，所谓的"清洁煤"并不是指煤炭本身清洁，而是指捕获燃煤发电厂所释放的二氧化碳。捕获二氧化碳的技术是存在的，但目前已经证明，要达到使燃煤电厂正常运营或者说实现低成本高收益的运行方式所必需的规模，是极其困难的。此类计划还必须考虑如何储存捕获到的二氧化碳。一种可能的用途是：将捕获的二氧化碳用于增大岩石裂隙，以提高石油和天然气的产量。

另一个颇具吸引力的想法是直接从大气中去除二氧化

碳。同样，这在一个非常低的水平上是可能的，但远没有达到抵消温室气体排放的必要规模。在冰岛进行的示范项目已成功地将二氧化碳转化为方解石，在未来这一研究很可能会继续下去。

又一种从大气中去除二氧化碳的地球工程，着眼于增加海洋中藻类的光合作用，随着这些藻类的死亡和下沉，碳被分流到深海。几十年来，人们一直在研究增加海水中的铁含量，以促进浮游植物的繁殖。在某种意义上，这与冰河时期强风将大陆上的铁尘埃输送到海洋中的情况类似。尽管这些研究表明，随着铁元素的增加，浮游植物的生长在总体上有所增加，但这并不总是意味着碳就会被封存到深海中。一些模型显示，长期施用铁肥实际上会降低海水吸收二氧化碳的能力。浮游植物数量的增加也可能对其他海洋生物产生难以预测的后果。其中可能出现的一种负面结果是氧气水平降低，从而导致海洋死亡区的扩大。

与此相对，有一套应对气候变化的提议主张以其他方式保护地球免受气候变化的影响，而非捕获二氧化碳。在地球大气工程的提案中，多利用某种机制（如镜子、气球或注入大气层的某种气溶胶）来形成阻碍，从而减少到达地球表面的太阳能。从某种意义上说，这些提案试图模拟火山爆发所产生的影响。当火山爆发时，向大气中喷射的微粒会暂时减少太阳辐射量。

这些地球工程提案的可行性还有待证实。即使可以通过某种机械地球工程来减少气候变暖，也无法遏制气候变化的其他许多影响。如，对许多生命形式构成威胁的海洋酸化，就无法得到任何改善。此外，地球工程系统的任何故障都可能导致气候变暖在突然间迅速达到潜在峰值，带来灾难性的影响。

·· 气候变化经济学 ··

大幅减排的必要性引发了人们对世界经济组织的质疑。在一种对未来世界经济的设想中，市场可以提供一种降低排放的机制。仅仅宣称一种产品是"绿色"的，并不足以为品牌赢得认知度。如果政策制定者能够成功地设定碳排放的实际代价，那么企业将竞相拿出解决方案。

一些基于市场的方法可以帮助减少温室气体排放，从而减轻气候变化，其中包括碳税制度和碳排放交易计划。这两种方案基本上都是通过对碳定价，并开始纳入碳排放的生命周期成本。这种基于市场的方法旨在让消费者考虑碳密集型产品的全部社会成本。它还提供了改变消费模式的动力，以全面减少碳排放。

实施碳税制度，设定每吨碳排放的标准价格，利用纳税人试图降低成本的心理，可以鼓励人们减少排放。根据该制度的一种变体，碳税收入将被重新分配，从而实现税收中立。这有时被称为"税收与红利"。两种形式的碳税都不会对排放设定一个绝对上限。对引入或提高税收的反对是这一制度的主要障碍。

　　总量管制与排放交易制度（简称排放交易）的原理是，对全部或大多数经济部门的排放设定一个总体限制，然后分配排放许可。不同部门可获得一定数量的排放配额，或通过招标程序获得配额。一旦这些公司获得许可，他们就可以出售或交易这些配额。碳市场将推动这些配额的价格。"总量管制与排放交易"制度面临的主要挑战包括排放总量的设定以及配额价格的制定。2005 年，欧盟出台的总量管制与排放交易计划，由于提供配额过多，结果导致配额价格和总体收入处在非常低的水平。与整个经济体相比，总量管制与排放交易制度更倾向于关注某些特定行业。

　　与此截然不同，对未来走向的另一种观点反对资本主义本身当前的组织方式，认为其对经济增长和企业利润的关注助长了气候危机。这种观点主张重建占主导地位的经济体系，以应对气候变化，甚至可能需要重新考虑经济增长的衡量标准。目前，衡量经济增长的主要指标仍是国内生产总值，它只计算在特定时期内生产的所有商品和服务的货币价值，而不考虑这种产出可能造成的影响。经济学家们已经提出了一些替代方案，这些方案将环境、健康、不平等以及人们对工作的满意度等纳入其中。

不同经济愿景之间的冲突放大了人类在面对未来时所作选择的深远影响。人类社会的未来将与气候变化密切相关。如今，可预测的显著气候影响的时间尺度远低于人类的平均寿命。这意味着，今天生活在这个世界上的无数人都将会承担自己所作出的选择的后果。

致谢

感谢参与"气候变化与人类历史"这门课程的学生。本书的内容在很大程度上应归功于他们的热情和他们所提出的问题。

感谢菲奇堡州立大学教务处的老师们在休假期间仍帮助我们推进这个项目。

感谢菲奇堡州立大学阿梅利亚·V. 加洛克西－西里奥图书馆的工作人员在我们搜集资料的过程中所提供的专业支持。

感谢丹尼尔·利伯曼的评论和建议。

感谢伊莎贝尔·利伯曼所提供的照片。

本书收到了外审专家提出的非常有价值的意见，这些意见帮助我们扩展了本书的范围。

最后，还要感谢艾玛·古德以及布卢姆斯伯里出版社的编辑和出版人在各个阶段给予我们的帮助。